K. Kolb / Wg. Kolb

Grobstrukturprüfung
mit Röntgen- und Gammastrahlen

Werkstoffkunde

Grundlagen · Forschung · Entwicklung

Herausgegeben von
Prof. Dr. Eckard Macherauch und Prof. Dr. Volkmar Gerold

Band 2

Band 1
Manfred von Heimendahl
Einführung in die Elektronenmikroskopie
Verfahren zur Untersuchung von Werkstoffen und anderen Festkörpern

Band 2
Klaus Kolb / Wolfgang Kolb
Grobstrukturprüfung mit Röntgen- und Gammastrahlen

Klaus Kolb/Wolfgang Kolb

Grobstrukturprüfung mit Röntgen- und Gammastrahlen

Mit 47 Bildern

» **vieweg**

Dr. Klaus Kolb und

Dipl.-Ing. Wolfgang Kolb

Zerstörungsfreie Prüfungen und Strahlenschutzmessungen

7 Stuttgart, Im Schüle 27

Verlagsredaktion: *Alfred Schubert, Werner Schröder*

ISBN 978-3-663-01953-4   ISBN 978-3-663-01952-7 (eBook)
DOI 10.1007/978-3-663-01952-7

1970

Copyright © 1970 by Friedr. Vieweg + Sohn GmbH, Verlag, Braunschweig
Softcover reprint of the hardcover 1st edition 1970
Library of Congress Catalog Card No. 74–120699
Satz: Friedr. Vieweg + Sohn GmbH, Braunschweig

Best.-Nr. 7701

Vorwort der Herausgeber

Die Werkstoffkunde ist eine empirisch gewachsene Disziplin. Sie bemühte sich lange
Zeit ausschließlich darum, den Kenntnisstand über die in der technischen Praxis Verwendung findenden Werkstoffe unter ordnenden Gesichtspunkten zusammenzufassen.
Wenn auch heute noch vereinzelt als Aufgabe der Werkstoffkunde die alleinige Wei-
tergabe von Erfahrungen angesehen wird, so besteht doch kein Zweifel darüber, daß
in den letzten zwei Jahrzehnten eine zunehmende wissenschaftliche Durchdringung
vieler Teilgebiete der Werkstoffkunde zu verzeichnen war und zu belegbaren Erfolgen führte. Dies war nur möglich auf der Basis der Fortschritte, die die naturwissen-
schaftliche Grundlagenforschung in dieser Zeit erzielte. Vor allem das Wechselspiel
zwischen theoretischer Erkenntnis und experimenteller Erfahrung führte auf vielen
Gebieten der Werkstoffkunde zu einem echten Werkstoffverständnis und damit zu
einer Abkehr von der ausschließlich makroskopisch-formalistischen Beschreibung
von Erfahrungstatsachen. Die Worte "Materials Science" und „Werkstoffwissenschaften"
sind zu kennzeichnenden Begriffen dieser Entwicklung geworden.

In Deutschland besteht seit Jahren ein echter Mangel an moderner werkstoffkund-
licher Literatur. So fehlen z.B. Einführungen in theoretisch inzwischen überschau-
bare Fragenkomplexe der Werkstoffkunde, Übersichten über die Möglichkeiten und
Grenzen moderner Untersuchungsmethoden sowie zusammenfassende Darstellungen
über bestimmte Teilgebiete unter Berücksichtigung des neuesten Erkenntnisstandes.
Diesem Mangel will die Buchreihe „Werkstoffkunde" abhelfen. Sie wird in regelloser
Folge Beiträge zu den Grundlagen, zur Forschung und zur Entwicklung auf Teilgebie-
ten der Werkstoffkunde bringen. Bei den einzelnen Bänden wird dabei keine lexika-
rische Vollständigkeit des zu behandelnden Gegenstandes angestrebt. Es wird vielmehr versucht, Methoden und Prinzipien des Teilgebietes ohne allzu große Vorkennt-
nisse dem werkstoffkundlich interessierten Leser an Beispielen nahezubringen.

Die Schriftenreihe wendet sich gleichermaßen an den fortgeschrittenen Studenten der
Ingenieur- und Werkstoffwissenschaften, der Metall- und Hüttenkunde, der Physik
und der Chemie wie auch an alle im Berufe stehenden Ingenieure und Wissenschaft-
ler, die sich mit Werkstoffragen beschäftigen.

Karlsruhe und Stuttgart, im Januar 1970

       E. Macherauch   *V. Gerold*

Vorwort der Autoren

Die Durchstrahlungsprüfung technischer Bauteile mit Röntgen- und Gammastrahlen ist im Laufe der Zeit zu einem der wichtigsten zerstörungsfreien Prüfverfahren in allen technischen Industrie- und Forschungszweigen geworden. Die Forderung, einerseits den Werkstoff bis an die Grenze der zulässigen Belastbarkeit auszunützen, andererseits das Betriebsrisiko so klein als möglich zu halten, hat dazu geführt, daß die Durchstrahlungsprüfung vielfach in den Produktionsablauf eingebaut wird. Aus diesem Grunde sollten Techniker, Ingenieure und Naturwissenschaftler — unabhängig von der Fachrichtung — schon während der Ausbildung mit den Grundzügen, den Methoden und den Problemen der modernen Durchstrahlungstechnik vertraut gemacht werden.

Dieses Buch soll eine Übersicht über das gesamte Gebiet der Grobstrukturprüfung mit Röntgen- und Gammastrahlen geben. Im Hinblick auf die in der Praxis gestellten Aufgaben werden methodische Fragen und Probleme in den Vordergrund der Betrachtungen gestellt und möglichst praxisnah behandelt. Es wird jedoch bewußt darauf verzichtet, eine Gesamtaufstellung aller auf dem Markt befindlichen Geräte zu geben. Informationen dieser Art lassen sich den jeweils neuesten Prospektblättern der Herstellerfirmen entnehmen.

Am Schluß des Buches sind die z. Z. in deutscher Sprache existierenden Standardwerke angegeben, welche zur Ergänzung der Kenntnisse auf dem Gebiet der Durchstrahlungsprüfung und der Nachbargebiete herangezogen werden können. Daran anschließend sind die Normblätter zusammengestellt, in welchen Richtlinien und Empfehlungen für Prüftechnik und Strahlenschutz angeführt sind.

Möge dieses Buch dazu beitragen, die physikalischen und technischen Grundlagen der Röntgen- und Gammaprüfung einem weiten, technisch interessierten Leserkreis nahezubringen. Vielleicht vermag es auch diejenigen von den Möglichkeiten und Vorteilen laufender Qualitätsüberwachung zu überzeugen, welche die Werkstoffprüfung bisher nicht als schadensverhütend und die technische Entwicklung fördernd, sondern nur als hemmendes Element im Montage- und Produktionsablauf betrachtet haben.

Stuttgart, Januar 1970 *Klaus Kolb, Wolfgang Kolb*

Inhaltsverzeichnis

1. Geschichtliches

So alt wie die Fertigungsverfahren selbst ist der Wunsch, ein Werkstück auf seine Brauchbarkeit untersuchen zu können, ohne daß man es zerstören oder in einer seine Verwendbarkeit beeinträchtigenden Weise verändern müßte. Die menschlichen Sinnesorgane waren zunächst die einzigen Hilfsmittel hierfür, vor allem das Auge, das Gehör und der Tastsinn. Erst allmählich hat man gelernt, diese Sinneswahrnehmungen durch physikalische Hilfsmittel und Methoden zu unterstützen, zu verfeinern und zu erweitern. Das Gehör und der Tastsinn sind immer mehr in den Hintergrund getreten, während das menschliche Auge nach wie vor der wichtigste Interpret der meisten zerstörungsfrei gewonnenen Prüfergebnisse, insbesondere der Durchstrahlungsverfahren, geblieben ist.

Als Geburtsjahr der klassischen zerstörungsfreien Werkstoffprüfung gilt das Jahr 1895, als *Röntgen* die nach ihm benannten Strahlen entdeckte. *Röntgen* beschrieb in 3 grundlegenden Mitteilungen zwischen 1895 und 1897 nahezu alle für die Durchstrahlungstechnik wesentlichen Eigenschaften der Röntgenstrahlen. Er kannte die Ionisationswirkung der Röntgenstrahlen, die Strahlenaufhärtung beim Durchgang durch Materie, die Kontrastminderung bei zunehmender Strahlenhärte, die Abhängigkeit der Strahlungsenergie von der Röhrenspannung, die Wirkung von Metallen zur Anhebung der Filmschwärzung (Sekundärelektronenemission), die Streustrahlung, die photochemische Wirkung der Röntgenstrahlen. Er stellte die ersten medizinischen und technischen Durchstrahlungsbilder her, gab Anregungen zur Verbesserung der Photoemulsion und betrieb sogar schon Hochspannungsröhren unter Öl.

Während die Röntgenstrahlen in der Medizin sehr bald Eingang fanden, blieben die Ansätze zur technischen Anwendung zunächst spärlich. Erst die Entwicklung der Schweißtechnik gab hierfür einen spürbaren Anreiz. *Respondek, Glocker* und *Berthold* untersuchten in den Jahren bis 1930 die Grundlagen der technischen Röntgendurchstrahlung. Im gleichen Zeitraum begann die Deutsche Reichsbahn, zunächst zögernd, dann immer intensiver mit der Durchstrahlung von Schweißverbindungen. Die erste genietete Kesseltrommel wurde 1931 in einem Berliner Kraftwerk von *Berthold* und *Kolb* durchstrahlt. Diese Arbeit, in der Fachwelt teils begrüßt, teils kritisiert, leitete den endgültigen Durchbruch zur zerstörungsfreien Werkstoffprüfung mit Röntgenstrahlen ein.

Ähnlich verhielt es sich mit der Gammastrahlung. Aus dem Jahre 1900 stammt eine von *Marie Curie* angefertigte Radium-Gammaaufnahme einer Geldbörse, die einen Schlüssel und ein Geldstück enthält. Aber erst 1929 hat die *Auergesellschaft* in

Berlin begonnen, die Grundlagen für die Anwendung der Gammastrahlen in der Werkstoffprüfung zu erarbeiten. Diese Studien, gemeinsam mit *Berthold* fortgesetzt, führten zu den ersten anwendungsreifen Gammageräten.

Im Jahre 1934 sollte die Löwenbrücke im Berliner Tiergarten restauriert werden. Die Löwen, aus deren Rachen die Brückentragseile herausführten, waren von Rauch modelliert und i. J. 1838 von Borsig gegossen worden. Es wußte niemand mehr, wie die Brückentragseile in den Löwenkörpern verankert waren. Berthold und seine Mitarbeiter versuchten eine Gammadurchstrahlung und konnten damit die Art und Lage der Verankerung bestimmen.

Einer universelleren Anwendung der Gammastrahlen standen damals der hohe Preis der Strahlenquellen und technische Gesichtspunkte entgegen. Die entscheidende Wendung brachte nach Entdeckung der Kernspaltung die Kerntechnik mit der Möglichkeit, durch Neutronenbeschuß künstlich radioaktive Stoffe herzustellen, die weit billiger als natürlich radioaktive Quellen waren. In der Bundesrepublik stehen erst seit 1950 künstlich radioaktive Quellen zur Verfügung. Seit dieser Zeit hat die Gamma durchstrahlung ständig an Bedeutung gewonnen. Der Vorsprung, den das Ausland nach dem Kriege auf diesem Gebiet zunächst erreicht hat, ist heute zweifellos eingeholt.

Die moderne Fertigungstechnik ist ohne Durchstrahlungsverfahren nicht mehr denkbar. Sie haben vor allem dort Eingang gefunden, wo thermisch oder auf Innendruck oder auf Schwingungen beanspruchte Teile gebaut und montiert werden. Herstellungs- und Prüfverfahren haben sich gegenseitig kontrolliert, befruchtet und gefördert. Die Durchstrahlungsverfahren in der Technik werden heute ergänzt durch eine Reihe anderer zerstörungsfreier Prüfverfahren, vor allem durch die Ultraschallprüfung, durch magnetische Methoden und durch Oberflächenprüfverfahren. Die theoretischen Grundlagen, die praktischen Anwendungsmöglichkeiten und die Grenzen der Verfahre müssen bekannt sein. Nur dann ist es möglich, die Unterlagen für eine sinnvolle und verantwortungsbewußte Bewertung der Werkstücke zu schaffen.

2. Strahlenquellen für die Durchstrahlungsprüfung

Strahlenquellen sind Stoffe oder Einrichtungen, welche bei entsprechender Handhabung energiereiche Strahlung aussenden, die Materieschichten bestimmter Dicke durchdringen kann. Für die Grobstrukturprüfung kommt nur Röntgen- oder Gammastrahlung im Wellenlängenbereich von 1 bis 10^{-3} Å zur Anwendung. Röntgen- und Gammastrahlen werden nach der Art ihrer Erzeugung bzw. ihrer Entstehung unterschieden. Während Röntgenstrahlen in der Atomhülle erzeugt werden und ihr Auftreten von der regelbaren Energiezufuhr abhängig ist, entstehen Gammastrahlen durch Umwandlungsprozesse im Atomkern. Ihre Emission kann nicht unterbrochen werden.

2.1. Röntgenstrahlen und ihre Eigenschaften

Röntgenstrahlen entstehen, wenn schnell fliegende Elektronen auf Materie aufprallen und im Coulombschen Feld der Atome abgebremst werden. Das Energiespektrum der hierbei entstehenden Bremsstrahlung[1] ist von der Energie der auftreffenden Elektronen und vom Material, auf welches sie auftreffen, abhängig. Je nach Bahnrichtung der Elektronen in Bezug auf die Lage der ruhenden Atome wird entweder die gesamte kinetische Energie oder nur ein Teil derselben in ein Strahlenquant der Energie

$$\frac{1}{2} m\, v^2 = E_{kin} = h \cdot \nu \quad [2]$$
(2.1)

verwandelt. Der Bremsvorgang kann hierbei in mehreren Schritten erfolgen, so daß mehrere Strahlenquanten mit verhältnismäßig kleiner Energie ausgesandt werden. Auf diese Weise entsteht ein kontinuierliches Strahlenspektrum. Durchlaufen die Elektronen in einer Röntgenröhre eine Beschleunigungsspannung U (kV), so erhält man für die kürzeste im Bremsspektrum auftretende Wellenlänge

$$\lambda_0 \,(\text{Å}) = \frac{12{,}396}{U\,(\text{kV})}$$
(2.2)

---

[1] Auf Einzelheiten über charakteristische Röntgenstrahlung, die als monoenergetische Strahlung der Bremsstrahlung überlagert ist, sowie über Fluoreszenzstrahlung, K-Einfang und innere Bremsstrahlung wird hier nicht eingegangen (vgl. Lehrbücher der Atomphysik).

[2] Ein Elektron, welches einen Potentialunterschied U durchläuft, erhält die kinetische Energie $E = e \cdot U$ (e Ladung des Elektrons). Nach Durchlaufen eines Potentialunterschiedes von 1000 Volt besitzt das Elektron somit eine kinetische Energie von 1 keV.
(m Masse, v Geschwindigkeit des Elektrons, h Plancksches Wirkungsquantum, ν Frequenz. Es gilt $\nu \cdot \lambda = c$ wobei λ Wellenlänge und c Lichtgeschwindigkeit).

Mit zunehmender Beschleunigungsspannung verschieben sich sowohl die kurzwellige Grenze λ_0 als auch das Maximum der Intensitätsverteilung (Bild 2.1). Gleichzeitig nimmt die integrale Strahlungsintensität ungefähr mit dem Quadrat der Beschleunigungsspannung zu.

Die beim Abbremsvorgang durch Wärmeentwicklung verloren gehende Energie ist von der Beschleunigungsspannung abhängig. Bei einer mit 200 kV betriebenen Grobstrukturröhre werden etwa 99 % der aufgebrachten Energie in Wärme und nur 1 % in Röntgenstrahlen umgesetzt. Bei höheren Beschleunigungsspannungen (vgl. Abschnitt 2.1.2 und 2.1.3) wird die Röntgenstrahlenausbeute günstiger (Bild 2.2).

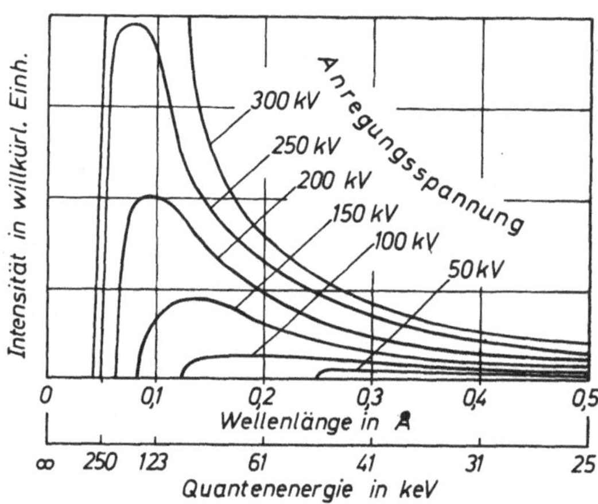

Bild 2.1

Energieverteilung des Bremsspektrums einer Wolframanode bei verschiedenen Anregungsspannungen. Die Überlagerung der charakteristischen Eigenstrahlung (W-Kα bei 59 keV und W-Kβ bei 67 keV) ist nicht miteingezeichnet.

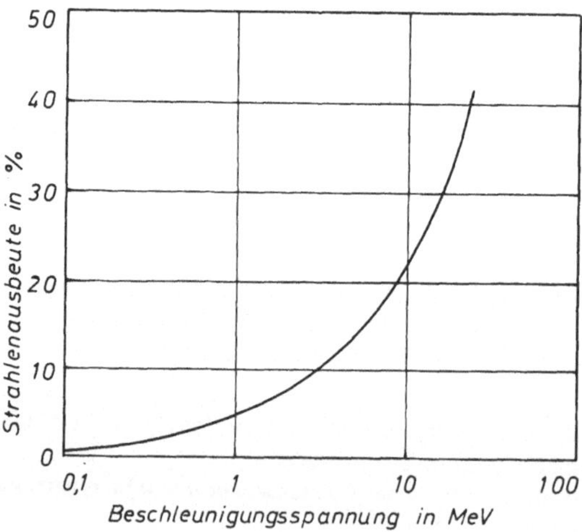

Bild 2.2

Strahlenausbeute in Abhängigkeit von der Beschleunigungsspannung.

Die zwei wichtigsten Eigenschaften der Röntgenstrahlen, welche die Grundlage der Durchstrahlungsprüfung bilden, sind die Durchdringungsfähigkeit und die Nichtablenkbarkeit. Röntgenstrahlen erleiden beim Durchgang durch Materie eine Schwächung. Fällt ein Röntgenstrahlenbündel der Intensität I_0 auf eine Materialschicht der Dicke d auf, so wird hinter der Materialschicht die Intensität

$$I = I_0 \cdot e^{-\mu d} \tag{2.3}$$

gemessen. Hierbei bedeuten I_0 die Strahlungsintensität vor dem Absorber, I die durchgehende Strahlungsintensität, μ der Schwächungskoeffizient und d die Dicke des Absorbers. Der Schwächungskoeffizient μ setzt sich aus der Summe der Wirkungen von Photoeffekt (τ), Comptoneffekt (σ) und Paarbildung (κ) zusammen. Eine Übersicht über die verschiedenen Prozesse bei der Schwächung von Röntgen- und Gammastrahlen beim Durchgang durch Materie ist in Tabelle 2.1 wiedergegeben.

Tabelle 2.1. Zusammenhang der Teilprozesse bei der Strahlenschwächung (für Strahlungsenergien unter 1,02 MeV gelten die linke und die mittlere Spalte, für Strahlungsenergien über 1,02 MeV alle 3 Spalten)

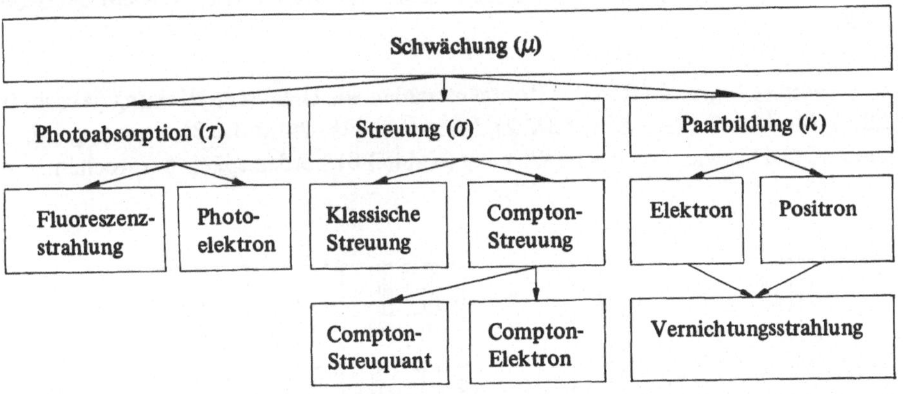

Da bei Energien unter etwa 1 MeV die Photoabsorption vorherrscht (der Streukoeffizient ändert sich kaum, der Paarbildungskoeffizient ist Null), ist der Schwächungskoeffizient in diesem Energiebereich näherungsweise durch

$$\mu = \rho \cdot k \cdot \lambda^3 \cdot Z^3 \tag{2.4}$$

gegeben, wenn ρ die Dichte und Z die Ordnungszahl des Materials, k eine materialunabhängige Konstante und λ die Wellenlänge der Strahlung sind.

Da bei der Paarbildung aus einem Strahlungsquant im Felde des Atomkernes ein Elektron und ein Positron entstehen, muß das Strahlungsquant eine Mindestenergie von 1,02 MeV besitzen, wenn Paarbildung eintreten soll. Dieser Energiewert entspricht gerade der Summe der Ruheenergien (je 0,51 MeV) von Elektron und Positron. Oberhalb dieses Energiewertes von 1,02 MeV nimmt der Paarbildungskoeffizient kontinuierlich zu. Der Verlauf der einzelnen Koeffizienten und deren Summe (Gesamtschwächungskoeffizient) ist für Blei in Abhängigkeit von der Quantenenergie in Bild 2.3a wiedergegeben. Der Verlauf des Gesamtschwächungskoeffizienten über der Quantenenergie ist für die wichtigsten Metalle in Bild 2.3b wiedergegeben. Sind die einzelnen Bleischwächungskoeffizienten bei einer vorgegebenen Strahlungsenergie bekännt, so erhält man für jeden anderen Stoff X näherungsweise:

$$\tau_X = \tau_{Pb} \cdot 4{,}9 \cdot 10^{-7} \frac{\rho_X \cdot Z_X^5}{A_X} \tag{2.5}$$

$$\sigma_X = \sigma_{Pb} \cdot 0{,}22 \cdot \frac{\rho_X \cdot Z_X}{A_X} \tag{2.6}$$

$$\kappa_X = \kappa_{Pb} \cdot 2{,}72 \cdot 10^{-3} \frac{\rho_X \cdot Z_X^2}{A_X} \tag{2.7}$$

Hierbei sind ρ_X die Dichte, Z_X die Ordnungszahl und A_X das Atomgewicht des Stoffes X.

Weitere Eigenschaften der Röntgenstrahlen wie chemische Wirkung (Abschnitt 3.2.1), Fluoreszenz (Abschnitt 3.2.2), Ionisation (Abschnitt 3.2.3), Streuung (Abschnitt 3.3.1) sowie biologische Wirkung (Kapitel 8) werden später besprochen.

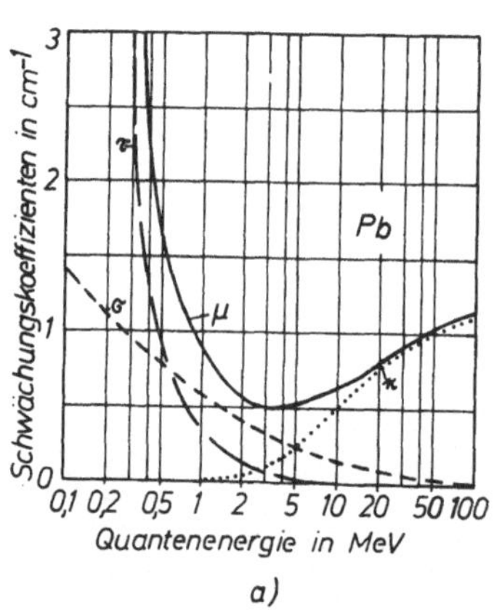

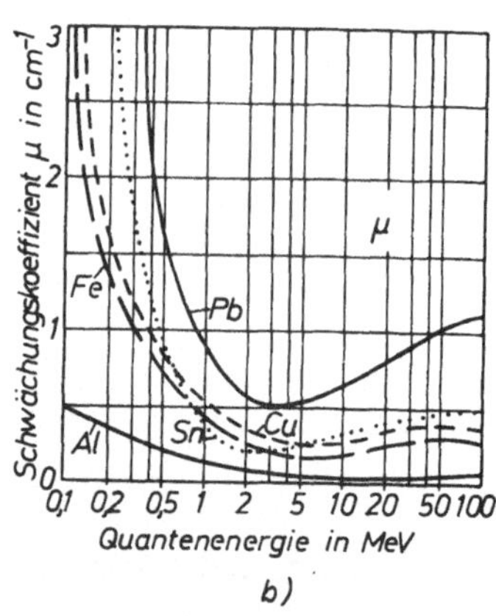

Bild 2.3. Schwächungskoeffizienten

a) Zusammensetzung des Gesamtschwächungskoeffizienten für Blei.

b) Gesamtschwächungskoeffizienten für Aluminium, Blei, Eisen, Kupfer und Zinn.

2.1.1. Röntgeneinrichtungen

Die heute in der Technik benutzten Röntgeneinrichtungen bestehen im wesentlichen aus 3 Teilen, der Röntgenröhre samt Schutzgehäuse, dem Hochspannungsgenerator und der Schalteinheit. Bestimmend für die verschiedenartigen Ausführungsformen von Röntgenröhren und Hochspannungsgeneratoren waren das Einsatzgebiet, die Forderung nach einfacher, zeitsparender Bedienung, die im Laufe der Zeit erarbeiteten Vorschriften und die DIN-Normen für Strahlenschutz, Hochspannungsschutz und für die Bildgüte.

Für die Grobstrukturprüfung stehen 3 Röntgenröhrentypen [1]) zur Verfügung:
a) Zweipol-Röntgenröhre,
b) Kurzanoden- und Hohlanoden-Röntgenröhre,
c) Röntgenblitzröhre.

Die Auslösung der Elektronen wird in allen konventionellen Röntgenröhren durch Glühemission, in den Röntgenblitzröhren entweder durch Feldemission oder Vakuumdurchschlag erreicht. Die Beschleunigung der Elektronen erfolgt in allen Fällen durch elektrostatische Felder (Potentialunterschied zwischen Anode und Kathode).

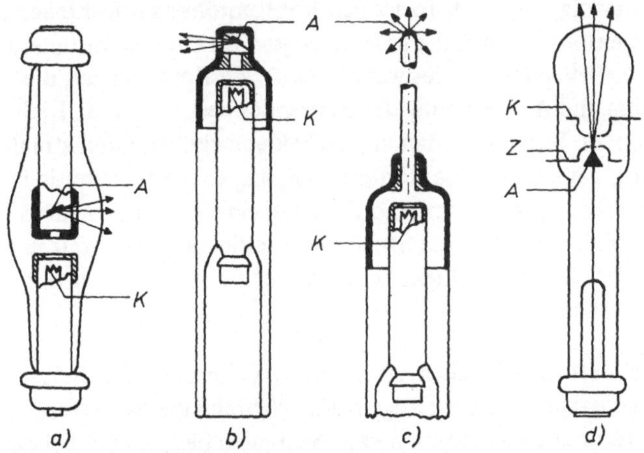

Bild 2.4. Schematische Darstellung verschiedener Röntgenröhrentypen (A Anode, K Kathode, Z Zündelektrode).
a) Zweipolröntgenröhre
b) Kurzanodenröntgenröhre
c) Hohlanodenröntgenröhre
d) Röntgenblitzröhre

---

[1]) Wegen technischer Einzelheiten, insbesondere z. B. Belastbarkeit der verschiedenen Röhrentypen, Brennfleckgröße und Ausführungsformen sei auf die jeweils gültigen Spezialbroschüren der Herstellerwerke verwiesen (In Europa: Andrex, Balteau, Fedrex, C.H.F. Müller, Seifert).

Die meistbenutzte Röhrenform, die Zweipol-Röntgenröhre, besteht aus dem Kathodenblock mit eingebauter Heizspirale (Glühwendel), dem Anodenblock und dem Glashüllkörper (vgl. Bild 2.4 a). Der Anodenblock ist vorne von einem Anodenschutzkopf umgeben, welcher in Axialrichtung und in Richtung der erzeugten Röntgenstrahlen aufgebohrt ist. Die Wirkung des Anodenschutzkopfes ist zweifacher Art: Einmal sollen die von der Wolframplatte reflektierten und ausgelösten Elektronen, welche die Glaswand zerstören würden, aufgefangen werden, zum anderen erreicht man schon an der Anode eine strahlenschutzmäßig erwünschte Begrenzung des Strahlenbündels.

Liegen beide Pole (Anode und Kathode) an Hochspannung, so muß die durch den Elektronenaufprall entstehende Wärme aus Isolationsgründen durch Öl abgeführt werden, welches den mit Kühlkanälen versehenen Anodenstumpf durchfließt. Legt man nur die Kathode an Hochspannung und erdet die Anode, dann kann der Anodenblock mit Leitungswasser gekühlt werden. Während bei der Zweipol-Röntgenröhre der Strahlenaustritt immer in Röhrenmitte erfolgt, wurden für Spezialuntersuchungen sogenannte Kurzanoden- und Hohlanoden-Röntgenröhren entwickelt (vgl. Bild 2.4b und c).

Der Strahlenaustritt erfolgt bei der Kurzanoden-Röntgenröhre am Röhrenende. Bei der Hohlanoden-Röntgenröhre fliegen die beschleunigten Elektronen im Innern des an den Glaskolben anschließenden Rohres weiter, bis sie am Rohrende auf die Anode prallen. Formgebung und Abschirmung des Rohrendes bestimmen die Richtcharakteristik der austretenden Strahlung. Man unterscheidet zwischen durchstrahlten Anoden (vgl. Bild 2.4c), bei welchen die Röntgenstrahlung entweder allseitig in den gesamten Raum oder bei entsprechender Anordnung in einen Halbraum austritt, und zwischen Plattenanoden, bei welchen die Strahlung allseitig radial oder nur in einer Richtung austritt. Zur Bündelung der Elektronen können um das Anodenrohr Magnetspulen geschoben werden.

In den Forschungslaboratorien für Gießerei, Explosivverformung und Ballistik spielt die Röntgenblitzphotographie eine wichtige Rolle. Während die Belichtungszeiten sonst in der Größenordnung von Minuten bzw. Sekunden liegen, wird bei der Röntgenblitzphotographie mit Belichtungszeiten von 10^{-6} bis 10^{-7} s gearbeitet. In der normalen Röntgentechnik wird mit Elektronenströmen von etwa 10 mA gearbeitet, bei der Röntgenblitzphotographie hingegen sind Elektronenströme von 10^5 A notwendig. Daher unterscheiden sich die Röntgenblitzröhren (vgl. Bild 2.4d) nicht nur konstruktiv, sondern auch in physikalischer Hinsicht von den konventionellen Röntgenröhren. Die Anode ist kegelförmig ausgebildet, so daß bei einer relativ großen Oberfläche ein kleiner wirksamer Brennfleck erreicht wird.

Die Entwicklung der Hochspannungserzeuger wurde durch praktische Erwägungen beeinflußt. Man unterscheidet:

a) Halbwellengenerator (Schaltung nach Bild 2.5a),

b) Generator mit Villard-Schaltung und Spannungsverdoppelung (Schaltung nach Bild 2.5b),

c) Generator mit Villard-Schaltung in symmetrischer Aufteilung, Spannungsverdoppelung und Glättungszusatz (kk-Gleichspannung; Schaltung nach Bild 2.5c) [1]),

d) Stoßgenerator zur Erzeugung von Röntgenblitzen (Grundschaltung nach Bild 2.5d).

Die nach Gestalt und Schalttechnik einfachsten, für ortsbewegliche Prüfungen bevorzugt verwendeten Halbwellen-Geräte sind die „Eintankanlagen". Sie bestehen aus nur zwei, durch Steuer-Kabel miteinander verbundenen Teilen, dem Schaltkasten und dem „Eintank", in dem unter Öl der Hochspannungstransformator (T) und die Röhre

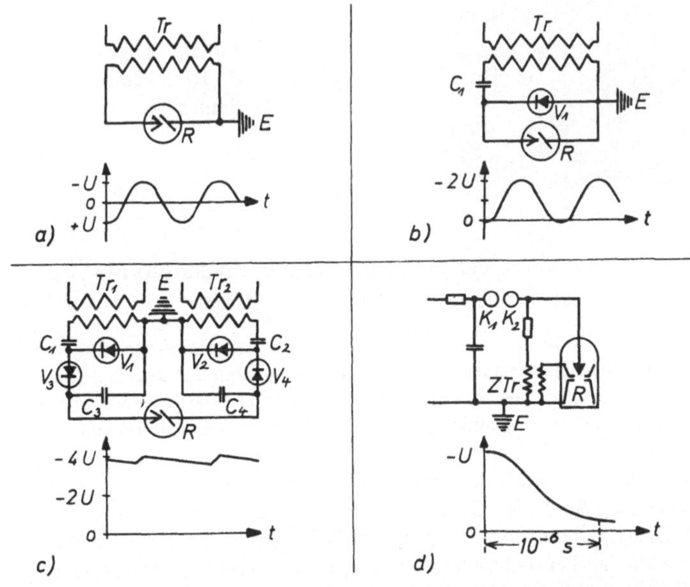

Bild 2.5. Grundschaltungen zur Hochspannungserzeugung (C Kondensator, E Erde, R Röntgenröhre, Tr Transformator, V Ventil [Gleichrichter], K Kugelfunkenstrecke, ZTr Zündtransformator).

a) Halbwellenschaltung.

b) Einfache Villardschaltung.

c) Villardschaltung in symmetrischer Aufteilung mit Glättungszusatz.

d) Schaltung eines Röntgenblitzgenerators mit Außenzündung.

---

[1]) Als weitere Varianten sind zu nennen: Einphasen-Graetz-Schaltung (Vollwellengenerator) und Liebenow-Greinacher-Schaltung (Spannungsverdoppelung, kk-Gleichspannung).

(R) untergebracht sind. An der Röhre liegt die vom Transformator gelieferte Wechselspannung. Röntgenstrahlung wird nur während *einer* Halbwelle erzeugt. Die andere Halbwelle wird durch die Gleichrichterwirkung der Röntgenröhre gesperrt und nicht ausgenutzt. Bild 2.6 zeigt eine ölisolierte 200 kV-Eintankanlage im Einsatz.

Bild 2.6
200 kV-Eintankanlage im
Einsatz (C. H. F. Müller
GmbH, Hamburg).

Anstelle von Öl wird neuerdings das gasförmige Schwefelhexafluorid (SF_6) verwendet. Dadurch wird die Tankeinheit um etwa 30 % leichter.

Werden in die Halbwellenschaltung 1 Gleichrichter und 1 Kondensator eingebaut, so erhält man die Villardschaltung, den Grundbaustein für alle komplizierteren Schaltungen (Bild 2.5b). Die Wechselwirkung zwischen Gleichrichter und dem Gleichrichtereffekt der Röntgenröhre ermöglicht nun auch die Ausnutzung der 2. Halbwelle. Die einfache Villardschaltung kann in symmetrischer Aufteilung verdoppelt werden. Glättungszusätze, bestehend aus parallel zur Röntgenröhre geschalteten Kondensatoren (Bild 2.5c), ergeben eine in erster Näherung kontinuierlich konstante Gleichspannung an der Röhre (kk-Gleichspannung). Die Strahlungsleistung von Röntgeneinrichtungen mit kk-Gleichspannung liegt bei gleichem Röhrenstrom und bei gleicher Röhrenspannung 70. . . 80 % höher als bei Halbwellenschaltungen. Eine komplette Anlage nach diesem Schaltprinzip für 300 kV ist in Bild 2.7 wiedergegeben: In der Mitte sieht man den Röhrenschutzbehälter auf einem hydraulischen Stativwagen, rechts die beiden symmetrisch geschalteten Hochspannungsgeneratoren mit Gleichrichterventilen, Kondensatoren, Hochspannungs- und Heiztransformatoren, die eine Spannung von − 150 kV bzw. + 150 kV gegen Erde erzeugen. Auf der linken Seite befindet sich der Schalttisch und zwischen Schalttisch und Röhre die Ölpumpe. Für Arbeiten mit anodenseitig geerdeten Hohl- oder Kurzanodenröhren bis 150 kV kann man die gleichen Bauelemente unter Weglassung des (+) − Generators verwenden[1]). Bild 2.8 zeigt eine Hohlanodenröhre für 150 kV.

------

[1]) Neuerdings sind auch Einpolröntgengeräte nach dem Eintankprinzip (Halbwellenschaltung, vgl. Bild 2.5a) im Handel.

Bild 2.7. Komplette 300 kV-Anlage für konstante Gleichspannung (C. H. F. Müller GmbH, Hamburg).

Bild 2.8. Hohlanodenröntgenröhre für 150 kV, konstante Gleichspannung (Rich. Seifert & Co, Hamburg).

Für die Röntgenblitzphotographie müssen wegen der kurzzeitig sehr hohen Stromstärken die Energiezufuhr aus dem Netz und der Entladungsvorgang in der Röhre zeitlich voneinander getrennt werden. Die einfachste Schaltung einer Stoßeinrichtung mit Außenzündung ist in Bild 2.5d wiedergegeben. Bei jedem Röntgenblitz wird der Hochspannungskondensator mit entsprechend hoher Kapazität spontan über die Röhre entladen. Der Zeitpunkt der Entladung kann durch Steigern der Zündspannung am Zündtransformator (ZTr) bis zum Funkenüberschlag an den Kugeln (K_1 u. K_2), oder bei konstanter Zündspannung durch Variation der Kugelfunkenstrecke eingestellt werden. Der Entladungsstoß dauert etwa 10^{-6} s. Bei Scheitelspannungen von 0,1...2 MeV werden Röhrenströme von etwa 10 000 Ampere erzielt.

Die Mehrzahl aller Röntgendurchstrahlungen muß an Werkstücken mit einer Dicke unter 100 mm durchgeführt werden. Hierfür sind Anlagen mit Röhrenspannungen bis zu 300 kV ausreichend. Für Spezialaufgaben, z. B. für die Prüfung von Druckbehältern für Atomreaktoren mit sehr großen Wanddicken, ist eine Erhöhung der Durchdringungsfähigkeit nur mit härterer Strahlung zu erreichen. Es werden hierzu Beschleunigungsspannungen bis zu mehreren Millionen Volt notwendig.

Bei den bisher beschriebenen Anlagen erfolgt die Beschleunigung der Elektronen zur Erzeugung von Röntgenstrahlen mit Hilfe elektrostatischer Felder. Bei hohen Spannungen werden solche Geräte schwer und unhandlich. Daher ging man neue Wege. Die Einfachbeschleunigung wurde durch die kreisförmige oder geradlinige Mehrfachbeschleunigung ersetzt.

2.1.2. Kreisbeschleuniger

Nach dem Prinzip der Kreisbeschleunigung arbeitet das Betatron (Bild 2.9 a–c). Seine Wirkungsweise entspricht derjenigen eines Transformators, dessen Sekundärspule als kreisförmige Röhre, welche den Transformatorkern umgibt, ausgebildet ist. In diese Röhre werden mit Hilfe eines Injektors Elektronen eingeschossen (Anfangsenergie etwa 50 keV, vgl. Bild 2.9 a). Die Elektronen werden mit Hilfe eines elektrostatischen Umlenksystems in eine Kreisbahn übergeführt und durch ein magnetisches Hilfsfeld (Führungsfeld) entsprechender Stärke, welches senkrecht zur Bahnebene der Elektronen verläuft, auf der Kreisbahn gehalten (vgl. Bild 2.9 b). Auf dieser Kreisbahn werden die Elektronen durch ein elektrisches Induktionsfeld, welches durch den magnetischen Fluß im Transformatorkern erzeugt wird, beschleunigt. Sie erhalten bei jedem Umlauf einen Energiezuwachs, welcher der Flußänderung in der Zeiteinheit proportional ist. Um die laufend beschleunigten Elektronen jedoch auf der Kreisbahn (Sollkreis) zu halten, ist es notwendig, daß das magnetische Führungsfeld dem magnetischen Fluß im Transformatorkern proportional anwächst (Flußbedingung). Am Ende des Beschleunigungsvorganges (nach etwa 150 000 Umläufen in 0,0005 s) werden die Elektronen, die nahezu Lichtgeschwindigkeit errei-

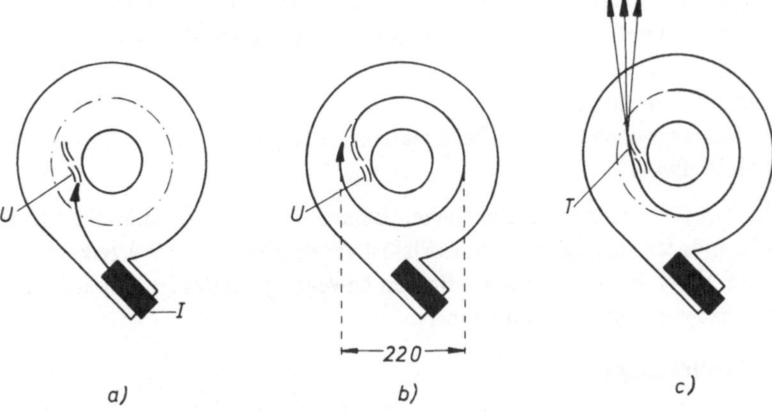

Bild 2.9. Erzeugung von Röntgenstrahlen im Betatron (I Injektor, bestehend aus Kathode und Wehneltzylinder, U elektrostatisches Umlenksystem, T Target, mit Wolfram oder Platin belegte Außenseite des Umlenksystems).

a) Einschießen der Elektronen.

b) Umlenken der Elektronen, Übergabe an das magnetische Führungsfeld und Beschleunigung. Die Elektronen werden auf den Sollkreis ($\phi = 220$ mm) konzentriert.

c) Die Elektronen verlassen den Sollkreis, treffen auf das Target und erzeugen Röntgenstrahlen.

d) 18 MeV-Betatron in Aufnahmestellung an einem Stahlkümpel, 150 mm Wanddicke (Siemens-Reiniger-Werke AG, Erlangen).

chen können, durch entsprechende Änderung des magnetischen Führungsfeldes derart abgelenkt, daß sie auf ein Platin- oder Wolfram-Target auftreffen und dort Röntgenstrahlung erzeugen (vgl. Bild 2.9 c). Die Strahlenemission erfolgt beim Betatron in Richtung der Elektronenflugbahn kurz vor der Abbremsung mit sehr kleiner Divergenz. Der Öffnungswinkel beträgt bei Elektronenenergien von 15 MeV etwa 16° und von 30 MeV etwa 8°.

Der Aufwand für einen ortsbeweglichen Einsatz von Betatrongeräten ist groß. Aus diesem Grunde werden sie meist nur ortsfest verwendet. Bild 2.9 d zeigt ein Betatron für 15 MeV, das in den 3 Koordinaten bewegt und außerdem um die Achse der Halterungsgabel gedreht werden kann.

2.1.3. Linearbeschleuniger

Eine weitere Möglichkeit, Elektronen auf hohe Energie zu bringen, besteht darin, daß man sie aufeinanderfolgende Beschleunigungsstufen durchlaufen läßt. Am einfachsten geschieht dies mit Hilfe der „Wanderfeldtechnik". Läßt man durch eine Runzelröhre [1]) eine elektromagnetische Welle laufen, so bildet sich eine wandernde Feldverteilung aus, wie sie in Bild 2.10 a wiedergegeben ist. Nach Einschleusen der Elektronen müssen diese sich mit der Geschwindigkeit des Wanderfeldes in Richtung zur Anode bewegen, um dem Feld stets Energie entnehmen zu können und somit eine laufende Beschleunigung zu erfahren. Das Ein- und Ausschleusen der Elektronen bereitet gegenüber den Kreisbeschleunigern keine Schwierigkeiten. Während bei den Kreisbeschleunigern die Ein- und Ausschleusvorgänge die Strahlenintensität begrenzen, erhält man bei Linearbeschleunigern Elektronenströme, die mehr als 1 000 mal so groß sind wie beim Betatron. Bild 2.10 b zeigt einen 6 MeV Linearbeschleuniger in Aufnahmeposition an der Rundnaht eines Hochdruckbehälters. Der Beschleuniger ist in die Gabel eines Manipulatorkrans eingehängt und kann sowohl gekippt als auch kreisförmig um die Vertikale bewegt werden. Der Manipulatorkran selbst ermöglicht die Bewegung in den 3 Koordinaten.

2.2. Gammastrahlen und ihre Eigenschaften

In physikalischer Hinsicht bestehen zwischen Gamma- und Röntgenstrahlen keine Unterschiede. Bei gleicher Quantenenergie sind die Eigenschaften der Röntgen- und Gammastrahlen identisch. Aus der sprachlichen Unterscheidung können nur Rückschlüsse auf die Entstehungsart der Strahlung gezogen werden. Gammastrahlen entstehen beim radioaktiven Zerfall, wenn α- oder β-Teilchen aus dem Atom-

---

[1]) Da in einem glatten, idealen Hohlleiter die Phasengeschwindigkeit des Wanderfeldes stets größer als die Lichtgeschwindigkeit c ist, läuft das Wanderfeld den Elektronen, deren Geschwindigkeit v_e kleiner als die Lichtgeschwindigkeit ist ($v_e < c < v_{ph}$), davon. Dies hat zur Folge, daß die Elektronen verzögert werden. Aus diesem Grunde baut man in den Hohlleiter Irisblenden ein, d. h. man runzelt den Hohlleiter, so daß $v_{ph} < c$ wird.

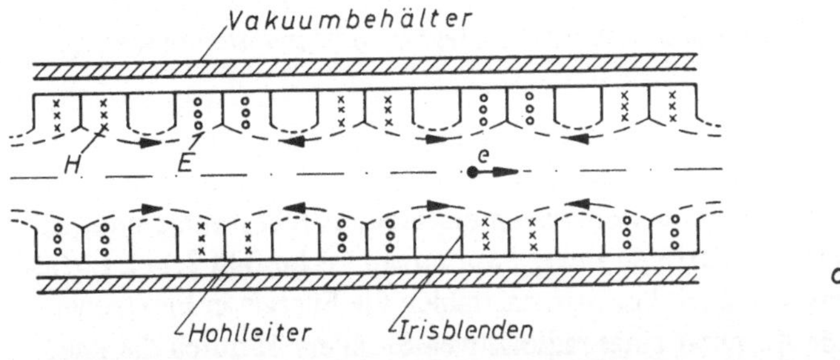

Bild 2.10. Erzeugung von Röntgenstrahlen im Linearbeschleuniger.
a) Prinzip der Elektronenbeschleunigung (E elektrische Feldstärke, H [Kreuze und Kreise] magnetisches Feld, e Elektron mit Richtungspfeil).
b) 6 MeV-Linearbeschleuniger in Aufnahmestellung an der Rundnaht eines Druckbehälters (Vickers-Armstrong Ltd., South Marston Swindon, Wiltshire, England. Aufnahme mit Genehmigung der English Steel Corporation, Sheffield).

kern geschleudert werden und der neu entstandene Kern unter Emission von γ-Strahlen aus dem angeregten Zustand in einen metastabilen Zustand geringerer Energie oder direkt in den Grundzustand übergeht. Der Zerfall erfolgt nach statistischen Gesetzen. Es kann also nicht vorausgesagt werden, welcher der vorhandenen radioaktiven Kerne zu einem bestimmten Zeitpunkt eine Umwandlung erfährt. Da diese Umwandlung eine reine Kerneigenschaft ist, läßt sich der radioaktive Zerfall — unabhängig davon, ob er natürlich oder künstlich induziert ist — weder chemisch noch physikalisch beeinflussen.

Jeder radioaktive Strahler kann durch Angabe von 6 Kenndaten eindeutig beschrieben werden:

Die *Energie* E der emittierten Gammastrahlen ist gleich dem Energieunterschied Δ E zwischen dem angeregten und dem Zwischen- bzw. Grundzustand. Da durch die Energieniveaus im Kern die Energieunterschiede Δ E bestimmt sind, tritt die Gammastrahlung nur mit diskreten Energiewerten auf (siehe Bild 2.11). Ebenso wie bei Röntgenstrahlen wird auch bei Gammastrahlen die Energie in Elektronenvolt (eV) angegeben. Die *Aktivität* eines radioaktiven Strahlers ist durch die Zahl der Zerfallsakte (vgl. Abschnitt 2.2.1 und 2.2.2) in der Zeiteinheit definiert. Die Maßeinheit der Aktivität ist das Curie (Ci). Nach der für alle radioaktiven Substanzen gültigen Definition bedeutet 1 Ci die Menge eines radioaktiven Nuklides, in welcher $3{,}7 \cdot 10^{10}$ Zerfallsakte je s stattfinden [1]. Die *spezifische Aktivität* eines radioaktiven Strahlers wird durch den Quotienten Aktivität/Masse definiert. Sie beeinflußt die geometrischen Aufnahmebedingungen. Je kleiner das strahlende Präparat bei ausreichender Aktivität ist, desto besser ist die Bildgüte (vgl. auch Abschnitt 3.3). Die *Halbwertszeit* (HWZ) kennzeichnet die Zeitspanne, in welcher die Aktivität eines Strahlers auf die Hälfte des Ausgangswertes abgeklungen ist. Bei den heute bekannten radioaktiven Strahlern schwankt die HWZ zwischen Bruchteilen von Sekunden

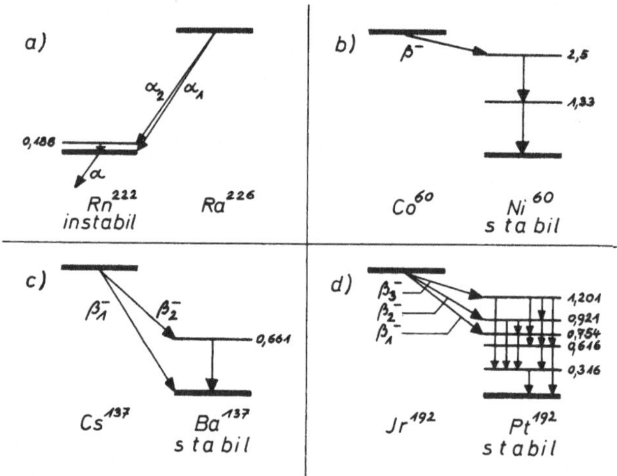

Bild 2.11. Radioaktive Zerfallsschemata für
a) Radium, b) Kobalt, c) Caesium und d) Iridium. Die den Niveaustrichen beigefügten Zahlen geben die Energiewerte in MeV an.

---

[1] Früher bedeutete 1 Ci die Zahl der je s in 1 g Radium stattfindenden Zerfallsakte $(3{,}7 \cdot 10^{10})$.

und 10^9 Jahren. Analog wird die *Halbwertsschicht* (HWS) definiert. 1 HWS ist die Schichtdicke eines absorbierenden Materials, welche die ungeschwächte Strahlung auf die Hälfte reduziert. Die *Dosisleistungskonstante* gibt die Ionen-Dosisleistung in 1 m Abstand vom Strahler an, bezogen auf die Aktivität und die Zeiteinheit. Die Ionen-Dosisleistung, integriert über die Zeit, ergibt somit die Dosis (siehe auch Kapitel 8).

Die Auswahl der Gammastrahler für die technische Anwendung erfolgt unter dem Gesichtspunkt, eine möglichst günstige Kombination dieser Kenndaten zu erreichen.

2.2.1 Natürliche Gammastrahler

Alle in der Natur vorkommenden Nuklide mit einer höheren Ordnungszahl als 82 (Blei hat die Ordnungszahl 82) sind natürlich radioaktiv. Sie verwandeln sich unter Emission von α- oder β-Strahlen in ein neues Element. In vielen Fällen befindet sich dieses in einem angeregten Zustand und geht dann unter Emission von γ-Strahlen in den Grundzustand über. Das auf diese Weise entstandene Zerfallsprodukt ist ebenfalls wieder radioaktiv und zerfällt weiter. Die natürlich radioaktiven Elemente lassen sich in die Thorium-, Uran- und Actiniumreihe einordnen, deren Endprodukt jeweils ein stabiles Bleiisotop[1]) ist. Sie beginnen mit den radioaktiven Kernen des Thoriums und des Urans. Die vierte radioaktive Familie, die Neptunium-Familie, ist auf der Erde ausgestorben, da die Halbwertszeit des dazugehörigen langlebigsten radioaktiven Neptunium-Nuklids mit etwa $2{,}2 \cdot 10^6$ Jahren klein gegenüber dem Erdalter von über 10^9 Jahren ist.

Für die Grobstrukturprüfung kommen nur das Radium aus der Uranreihe und das Mesothor aus der Thoriumreihe in Frage. Die wichtigsten Daten dieser natürlich radioaktiven Strahler sind in Tabelle 2.2 zusammengestellt. Das Zerfallsschema für Radium ist in Bild 2.11 wiedergegeben. Dort sind durch horizontale Striche die Energieniveaus des zerfallenden Kernes und des neuen Kernes samt seiner Anregungszustände aufgetragen. Für die einzelnen Energiestufen gilt der stabile oder metastabile Zustand des Endkernes als Bezugspunkt. Der Abstand zweier Energieniveaus entspricht somit der Energiedifferenz der entsprechenden Kernzustände. Wenn die Ordnungszahl bei der Kernumwandlung größer wird (β^--Zerfall), dann zeigt der Reaktionspfeil nach rechts, wenn die Ordnungszahl kleiner wird (α- oder β^+-Zer-

---

[1]) Nuklide (Kernarten) gleicher Kernladungszahl, aber unterschiedlicher Massenzahl, d. h. gleicher Protonenzahl Z, aber unterschiedlicher Neutronenzahl N, bezeichnet man als Isotope eines Elements. Isotope sind chemisch nicht unterscheidbar, da die Kernladungszahl bzw. die ihr gleiche Zahl von Hüllenelektronen den chemischen Charakter eines Nuklids bestimmt. Genaue Nukliddaten, Zerfallsschemata etc. sind aus den Nuclear Data Sheets des National Research Council zu ersehen (Deutsche Ausgaben durch das Bundesministerium für Atomkernenergie).

Tabelle 2.2. Kenndaten natürlich radioaktiver Strahler.

Bezeichnung	Wirksame γ-Strahlenkomponenten in MeV	Erste Blei- 1/2- bzw. 1/10-Wertschicht in mm	Halbwertszeit in Jahren	Ionendosisleistung von 1 mCi in 1 m Abstand in mrem/h
Radium[1]	0,184 bis 2,432	14 bzw. 45	1620	0,82
Mesothor[2]	0,057 bis 2,62	etwa 15 bzw. 50	26[3]	etwa wie Radium

fall), dann zeigt der Pfeil nach links. Die in Form von γ-Strahlung abgegebene Energie wird durch senkrechte Pfeile dargestellt. Nach Bild 2.11 a erscheint die Strahlung von Radium als monoenergetisch. In Wirklichkeit jedoch findet durch die Strahlung der radioaktiven Tochterprodukte eine Überlagerung mehrerer Strahlenkomponenten statt, so daß ein Strahlengemisch mit einem mittleren Energiewert von 2 MeV vorliegt.

Da in allen natürlichen Zerfallsreihen als Zwischenprodukte auch radioaktive Gase auftreten, ist bei der Anwendung solcher Strahler dafür zu sorgen, daß die Präparate luftdicht abgeschlossen sind. Die Anwendungshäufigkeit der natürlich radioaktiven Strahler ist aus zweierlei Gründen begrenzt. Erstens sind die Anschaffungskosten relativ hoch, zweitens steht durch die Erzeugung künstlich radioaktiver Stoffe eine ganze Reihe von technisch brauchbaren Gammastrahlern mit den unterschiedlichsten Quantenenergien zur Verfügung.

2.2.2 Künstliche Gammastrahler

Bei einer Gesamtzahl von 103 Elementen lassen sich heute etwa 1000 radioaktive Isotope künstlich herstellen. Ihre Erzeugung erfolgt entweder durch Kernreaktionen mit neutralen (Neutronen) bzw. geladenen Korpuskularstrahlen (α-Teilchen, Protonen, Deuteronen), durch Beschuß mit Photonen (energiereichen γ-Strahlen), oder man erhält sie als Spaltprodukte bei der Uranspaltung. Bei derartigen Kernumwandlungen wird zuerst ein metastabiler, hochangeregter Zwischenkern gebildet, der spontan unter Emission von Kernteilchen oder Photonen (γ-Strahlung, die nicht mit der beim β-Zerfall auftretenden γ-Strahlung identisch ist) in ein neues Nuklid übergeht. Der entstandene Kern ist radioaktiv und wandelt sich dann z. B. unter Aussendung von β-Strahlung in einen neuen Kern um. Befindet sich nun dieser neue Kern ebenfalls in einem angeregten Zustand, so geht er (vgl. Abschnitt 2.2) unter Emission von Gammastrahlung, welche für die Grobstrukturprüfung verwendet werden kann, in Zwischenzustände oder in den Grundzustand über.

---

[1] Das Präparat stellt ein Gemisch aus Ra, Ra B und Ra C dar.

[2] Das Präparat enthält 30 % Radium.

[3] Die HWZ des reinen Mesothor beträgt 6,7 Jahre.

Tabelle 2.3. Kenndaten künstlich radioaktiver Strahler.

Bezeichnung	Wirksame γ-Strahlenkomponenten in MeV	Erste Blei- 1/2- bzw. 1/10-Wertschicht in mm	Halbwertszeit	Ionendosisleistung von 1 mCi in 1 m Abstand in mrem/h
Ir^{192} [1]	(0,6) 0,47 0,31; 0,30	2,8 bzw. 11,5	74 Tage	0,50
Cs^{137} [2]	0,66	8,4 bzw. 24	30 Jahre	0,34
Co^{60} [1]	1,33 u. 1,17	13 bzw. 42	5,2 Jahre	1,35

In Tabelle 2.3 sind die wichtigsten Kenndaten der 3 für die Grobstrukturprüfung fast ausschließlich verwendeten, künstlich radioaktiven Strahler zusammengestellt. Sie sind in der Reihenfolge ihrer Strahlungsenergie aufgeführt. Die Herstellung des Ir^{192} [3] erfolgt im Reaktor durch Neutronenbeschuß von Ir^{191}. Der neugebildete radioaktive Kern Ir^{192} geht dann durch β-Zerfall in Pt^{192} über. Entsprechend verhält es sich bei Co^{60}, das im Reaktor durch Neutronenbeschuß von Co^{59} entsteht und dann durch β-Zerfall in Ni^{60} übergeht. Cs^{137} hingegen kann nicht durch Beschuß mit Korpuskularstrahlung erzeugt werden. Es fällt als radioaktives Spaltprodukt bei der Uranspaltung an und geht durch β-Zerfall in Ba^{137} über. In allen 3 Fällen befindet sich der neue Kern nach der Umwandlung noch in einem angeregten Zustand und fällt dann unter Aussendung von γ-Strahlen in den Grundzustand. Zerfallsschemata für Co^{60}, Cs^{137} und Ir^{192} sind in Bild 2.11 b–c wiedergegeben.

Aus den in Bild 2.11 wiedergegebenen Darstellungen ist ersichtlich, daß sich die Strahlung des radioaktiven Kobalts aus 2 γ-Strahlenkomponenten zusammensetzt, während das radioaktive Caesium monoenergetisch ist. Die Verhältnisse beim radioaktiven Iridium hingegen sind, wie Bild 2.11 zeigt, etwas komplexer. Eine gewichtete Mittelung über alle bei Ir^{192} auftretenden γ-Komponenten ergibt einen mittleren Energiewert von 0,38 MeV.

---

[1] Metallisch kompakt.

[2] Caesiumchlorid oder Caesiumsulfat, wasserlöslich. Stark korrosive Wirkung, regelmäßige Kontrolle der Strahlerhülse auf Dichtigkeit erforderlich.

[3] Der Index 192 bedeutet die Massenzahl, welche sich aus der Summe der Protonen und Neutronen ergibt (Co^{60} besitzt die Massenzahl 60, Cs^{137} die Massenzahl 137).

2.2.3. Geräte für die Gammaradiographie

Da radioaktive Strahler im Gegensatz zu den abschaltbaren Röntgenanlagen immer Strahlung aussenden, sind die Geräte hierfür schon aus Strahlenschutzgründen völlig anders konstruiert. Drei Forderungen sind für die Konstruktion von Gammageräten richtungsweisend:

einfache Handhabung (kleine Abmessungen, geringes Gewicht),
geringe Störanfälligkeit (keine komplizierte Mechanik),
hinreichender Strahlenschutz.

Kein Gammagerät kann diesen 3 Forderungen umfassend und gleichzeitig gerecht werden. Es wird immer ein Kompromiß eingegangen werden müssen, meist zwischen der ersten und letzten Forderung. Die zweite Forderung ist realisierbar, sofern davon ausgegangen werden kann, daß nur ausgebildetes Personal mit den Geräten arbeitet.

Funktionsmäßig können bei jedem Gammagerät 3 Teile unterschieden werden:

Die Strahlenquelle,	das Isotop, das Zylinderform in mm-Abmessungen besitzt.
Die Strahlerkapsel,	in welche das Isotop entweder durch die Reaktorstation oder durch die Lieferfirma eingeschlossen und abgedichtet wird.
Das Gerät,	welches die Kapsel aufzunehmen und in Bezug auf Durchlaßstrahlung den Strahlenschutzvorschriften zu genügen hat.

Die Strahlenquellen haben im allgemeinen zylindrische Form mit variablen Durchmessern und Höhen. Ein Beispiel für die bei Ir^{192} vorkommenden Quellendimensionen und die hierbei erreichbaren Aktivitäten gibt die Aufstellung in Tabelle 2.4.

Tabelle 2. 4. Quellendimensionen und Maximalaktivitäten für Ir^{192}.

Dimension in mm Durchmesser/Höhe	Toleranz in ± mm	Gewicht in mg	erreichbare Aktivität in Curie
0,5/0,5	0,05	2,2	1,8
0,5/1	0,05	4,4	5,5
1 /1	0,05	17,6	10
1,2/1,2	0,05	25,6	15
1 /2	0,05	35,2	20
2 /2	0,05	141	48
2 /3	0,05	209	75
3 /2	0,05	312	100
3 /3	0,05	465	150

Die Quellen sind je nach Verwendungszweck in verschiedenartig ausgeführten Strahlerkapseln montiert. Die gebräuchlichen Standardstrahlerkapseln[1]) sind klein, besitzen jedoch den Vorzug, daß sie in fast alle auf dem Markt angebotenen Gammageräte (einschließlich der fernbedienten) ohne Schwierigkeit eingebaut werden können. Die Kapseln werden aus nichtrostendem Stahl hergestellt und nach Einbringen des Strahlers argonarc verschweißt, so daß die Dichtheit gewährleistet ist. Als Beispiel für derartige Kapseln ist in Bild 2.12 a der Schnitt durch eine Mol-Kapsel wiedergegeben. Ein Nachteil dieser Kapseln besteht darin, daß sie wegen ihrer geringen Größe nicht entsprechend gekennzeichnet werden können. Eine Gravur mit einem Sicherheitshinweis oder dem Strahlensymbol nach DIN 25400 kann aus Platzgründen nicht angebracht werden. Das Arbeiten mit diesen Kapseln kann erst erfolgen, wenn sie in den Quellenhalter, ein bewegliches Teil des Gammagerätes, eingebaut sind. Die Quellenhalter sind so konstruiert, daß sie sich im Normalfall nicht von selbst öffnen und die Quelle freigeben können. Außerdem sind die Quellenhalter so groß, daß sie mit einer Warn-Gravur versehen werden können. Eine andere, jedoch nur in eigens dafür gebauten Geräten anwendbare Lösung stellt die ZPKo-Strahlerhülse dar. Den Schnitt durch eine derartige Hülse gibt Bild 2.12 b wieder. Der Strah-

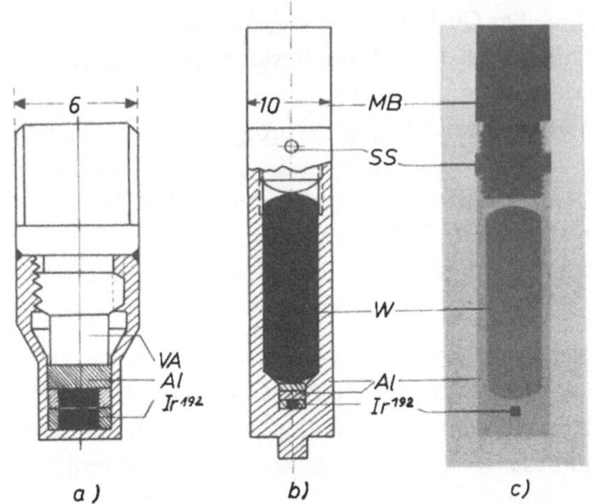

Bild 2.12. Verschiedene Strahlerfassungen (VA nichtrostende Stahlhülle, Al Aluminium, W Wolframstift, SS Sicherungsschraube, MB Messingbolzen mit Gewinde).

a) Mol-Strahlerkapsel

b) ZPKo-Strahlerhülse

c) Röntgenaufnahme (Röntgenpositiv) einer mit 14 Ci Ir^{192} geladenen ZPKo-Strahlerhülse.

---

[1]) Es gibt z. Zt. 4 verschiedene Ausführungsformen: Harwell-Kapsel, Kanadische Kapsel, Mol-Kapsel und RTD-Kapsel.

ler ist wie bei den kleinen Kapseln in Aluminium eingebettet[1]). Darüber befindet sich ein Wolfram- oder Uranstift, welcher die primäre Rückwärtsstrahlung gegen das Bedienungspersonal abschwächt. Das Hülsenmaterial besteht ebenfalls aus Aluminium oder aus VA-Stahl. Strahlerscheibchen, Aluminiumscheibchen und Schwermetallstift sind durch einen 2-Komponentenkleber mit der Hülse zu einer ohne Gewaltanwendung nicht mehr trennbaren Einheit zusammengefügt. Die Hülse wird durch einen Verschlußstopfen verschlossen. Auch dieser Stopfen kann ohne Gewaltanwendung nicht mehr gelöst werden. Diese Strahlerhülse ist so groß, daß sie bei einem Strahlenunfall leichter gefunden werden kann als eine kleine Kapsel. Außerdem bietet die Zylinderoberfläche der Hülse genügend Platz, um die Kennzeichnung „RADIOAKTIV" einzugravieren. In Bild 2.12 c ist die Röntgenaufnahme einer frisch geladenen Strahlerhülse wiedergegeben. Die Hülse ist mit einem Ir^{192}-Strahler von 14 Ci mit der Durchmesser/Höhe-Abmessung von 1,2/1,2 mm bestückt. In der Röntgenaufnahme erscheint er als heller Punkt. Die Durchstrahlung liefert eine zerstörungsfreie Kontrolle des Strahlersitzes und der Strahlergröße ohne nennenswerte Vorbelichtung des Röntgenfilmes[2]). Aus abbildungsgeometrischen Gründen (vgl. Abschnitt 3.3.1) sollen die Strahler bei ausreichender Aktivität so klein wie möglich sein.

Die Gammageräte zur Aufnahme der Quellenhalter oder Strahlerhülsen sind verschiedenartig ausgebildet. Die einfachste Konstruktion besteht aus Bleitöpfen mit einem Uran- oder Wolframkern, in dessen Zentrum der Quellenhalter oder die Strahlerhülse gelagert sind. Um die Strahler in Arbeitsstellung zu bringen, müssen Quellenhalter oder Strahlerhülse mit einem anschraubbaren Manipuliergerät aus dem Bleibehälter herausgenommen werden. Zweckmäßigerweise werden sowohl die Quellenhalter als auch die Strahlerhülsen in sogenannte Belichtungsköpfe eingeführt. Diese sind so gebaut, daß der Strahlenaustritt vorzugsweise in Richtung des zu durchstrahlenden Objektes erfolgt.

Die Topf-Konstruktion läßt sich durch konstruktive Änderungen, insbesondere eine Durchbohrung in Axialrichtung, zu einem fernbedienten Gerät erweitern. Statt des Arbeitsstabes wird ein Bowdenzug mit dem Quellenhalter bzw. der Strahlerhülse verbunden. Der Strahler wird dann mit Hilfe des Bowdenzuges ausgefahren und in Arbeitsstellung gebracht.

---

[1]) Die Iridium-Zylinderchen von 1 mm Höhe werden schon vor der Bestrahlung im Reaktor mit Aluminiumringen umgeben, so daß ein Durchmessermaß von 3 mm erreicht wird. Diese Maßnahme gestattet es, den zur Verfügung stehenden Raum von 3,1 mm ϕ und 3,1 mm Höhe z. B. mit 1 Iridiumpellet und 2 Blindscheiben aus Al von 1 mm Höhe und 3 mm ϕ auszufüllen. Bei Strahlern mit einer Durchmesser/Höhen-Abmessung von 3/3 mm z. B. ist der gesamte zu Verfügung stehende Raum mit 3 Scheibchen von je 1 mm Höhe und 3 mm ϕ ausgefüllt.

[2]) Unter Ausnutzung der Wellenlängenabhängigkeit der Schwärzung eines Röntgenfilms, vgl. Abschnitt 3.2.1.

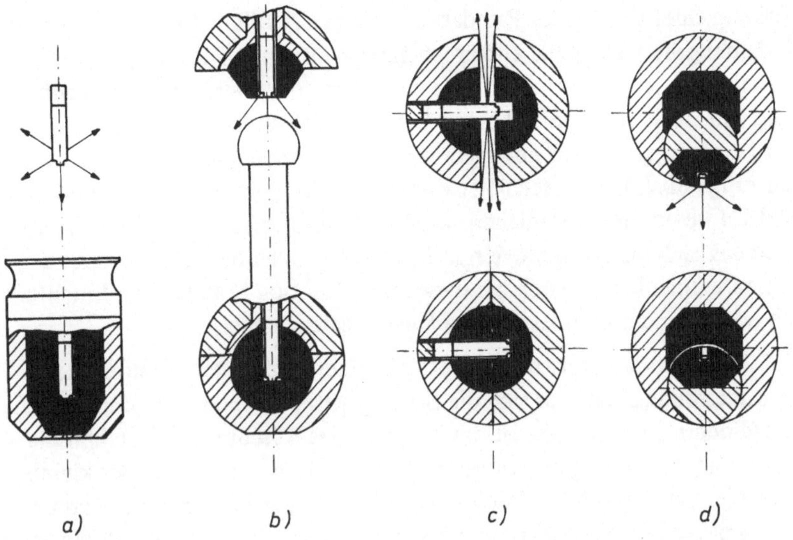

Bild 2.13. Zusammenstellung der wichtigsten Gammagerätetypen. (■ Wolfram- oder Uranabschirmung, ▨ Bleiabschirmung).

a) Topfbehälter (Bauart: ZPKo)

b) Doppelkonuskeule (Bauart: Gelsenberg Benzin)

c) Gerät für ringförmige Abstrahlung (Bauart: Auergesellschaft)

d) Exzentergerät (Bauart: ZPKo)

Bild 2.13 a unten zeigt schematisch die Schnittzeichnung eines Topfbehälters für die Arbeitsstabmethode. Der Strahler befindet sich in der in Bild 2.12 b gezeigten Strahlerhülse. Die Hülse ist, wie in Bild 2.13 a unten zu erkennen, von Wolfram oder Uran umgeben. Bild 2.13 a oben zeigt die Strahlungsverhältnisse, wenn die Strahlerhülse ungeschützt im Raum steht. Der in Bild 2.12 b gezeigte Schwermetallstift schirmt etwa einen Quadranten des Raumes gegen direkte Strahlung ab.

Bei anderen Gammageräten ist der Quellenhalter bzw. die Strahlerhülse fest mit dem Gerät selbst oder mindestens mit einem Teil desselben verbunden. In Bild 2.13 b unten ist die sogenannte Doppelkonuskeule im Schnitt dargestellt. Der Arbeitsteil besteht aus einer Keule mit übergestülptem Bleikonus, in welche die Strahlerhülse eingesetzt ist. In Ruhestellung befindet sich die Keule in einem Transportbehälter, in den sie sich genau einfügt. Bild 2.13 b oben zeigt die Strahlungsverhältnisse bei angehobener Keule. Der Halbraum, in welchem sich der Prüfer befindet, ist abgeschirmt. Um die Keule in Expositionsstellung zu bringen, wird sie in einen Belichtungskopf mit entsprechendem Profil eingesteckt. Auch hier tritt die Strahlung wegen der Abschirmwirkung des Belichtungskopfes bevorzugt in der erwünschten Richtung (axial nach vorne) aus. Bei Strahlern von geringer Intensität kann der übergeschobene Bleikonus abgenommen und mit der Doppelkonuskeule allein gearbeitet werden.

Das Prinzip eines Gerätes für Rundabstrahlung zeigt Bild 2.13 c. Das Gerät besteht aus 2 Halbkugeln, welche bei entsprechender Führung in Richtung der Strahlerhülse gegeneinander verschiebbar sind. Je nach Konstruktionsausführung kann die Verschiebung von Hand oder durch Fernbedienung erfolgen. In Arbeitsstellung (vgl. Bild 2.13 c oben) sind die Halbkugeln nur soweit auseinandergerückt, daß die Strahlung allseitig radial, jedoch scharf ausgeblendet, austreten kann. Um die Ruhestellung (Bild 2.13 c unten) zu erreichen, wird die Sperre eines Rückstellmechanismus gelöst, so daß sich die 2 Halbkugeln in Bruchteilen einer Sekunde wieder zu einer Einheit zusammenfügen. Auch bei dieser Konstruktion bestehen die Innenteile aus Wolfram oder Uran und nur die äußere Kugelschale aus Blei.

In Bild 2.13 d ist das Konstruktionsprinzip einer Exzenteranordnung wiedergegeben. In Ruhestellung befindet sich die Strahlerhülse, welche in der Mantelfläche des kleinen Zylinders untergebracht ist, im Zentrum des Abschirmblockes. Um die Strahlerhülse in Arbeitsstellung zu bringen (vgl. Bild 2.13 d oben), muß der kleine Zylinder entweder von Hand oder durch Fernbedienung um 180° gedreht werden. Dem Gerät angepaßte Belichtungsköpfe müssen auch hier dafür sorgen, daß die Strahlung seitlich abgeschirmt und nur in der gewünschten Richtung durchgelassen wird.

In Bild 2.14 links und rechts sind zwei nach dem in Bild 2.13 a gezeigten Konstruktionsprinzip hergestellte Geräte wiedergegeben. Das linke Gerät, ein normaler Bleitopf mit Wolframkern, ist für Arbeiten mit Arbeitsstab ausgeführt, während das rechte Gerät in der Längsachse durchbohrt und für die Arbeit mit Fernbedienung

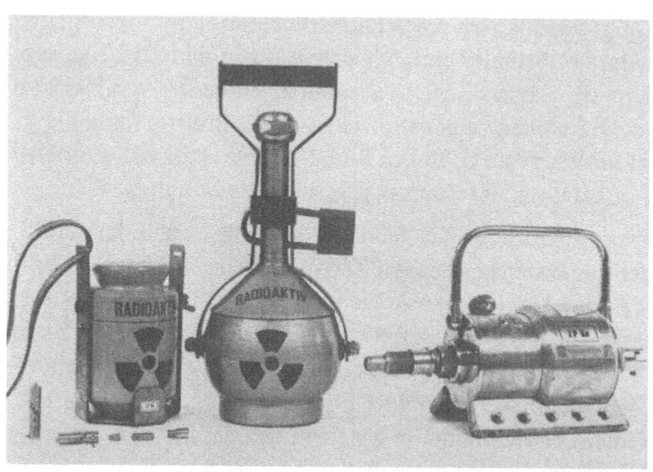

Bild 2.14. Gammaarbeitsgeräte
Links: Topfbehälter (ZPKo)
Mitte: Doppelkonuskeule (Gelsenberg Benzin)
Rechts: Fernbedienungsgerät, Teletron SU 100 (Nuclear, Düsseldorf)

ausgebildet ist. In der Mitte des Bildes ist eine komplette Doppelkonuskeule mit übergestülptem Bleikonus und Transportbehälter wiedergegeben. Der Bleitopfbehälter ist für maximal 12 Ci, die Doppelkonuskeule für 15 Ci (mit Wolframverstärkung für 22 Ci) und das fernbediente Gerät für maximal 100 Ci ausgelegt. Zur Veranschaulichung der Größenverhältnisse ist links vom Bleitopfbehälter eine Strahlerhülse (stehend) abgebildet. Vor dem Bleitopfbehälter sind die Einzelteile der Strahlerhülse der Reihe nach angeordnet. Von links nach rechts die leere Aluminiumhülse, eine Mol-Kapsel, der Wolframstift und das Messingverschlußteil. Das Durchmessermaß der in die Mol-Kapsel montierten Quelle ist vergleichbar mit dem Durchmesser des kleinen Sicherungsstiftes am hinteren Ende der Hülse.

3. Grundlagen der Durchstrahlung

3.1. Durchstrahlbarkeit der Stoffe

Röntgen- und Gammastrahlen durchdringen jeden Stoff geradlinig. Von der Strahlungsenergie und den Materialeigenschaften hängt es jedoch ab, weicher Bruchteil der auffallenden Strahlung hinter dem Absorber wieder austritt. Die Schwächung von Röntgen- und Gammastrahlen beim Durchgang durch Materie ist eine Funktion des Flächengewichts des Absorbers, also des Produkts aus Dicke und Dichte des durchstrahlten Objektes (vgl. Abschnitt 2.1).

Zur Kennzeichnung der Strahlungsenergie oder der Strahlenhärte wird häufig die Halbwertsschicht (HWS) herangezogen. Ist der Gesamtschwächungskoeffizient μ für einen Stoff bekannt, so ergibt sich die Halbwertsschicht zu:

$$\text{HWS} = \frac{0{,}693}{\mu} \qquad (3.1)$$

Der Wert von μ gilt jedoch nur für eine bestimmte Quantenenergie, so daß die durch Gleichung (3.1) errechenbare HWS exakt nur für monoenergetische Strahlung zutrifft. Bei einem Strahlengemisch, wie es von einer Röntgenröhre ausgesandt wird, oder bei einem Gammastrahler mit mehreren Linien unterscheidet man deshalb zwischen 1. und 2. Halbwertsschicht. Da bei einem Strahlengemisch zuerst die weichen, energiearmen Komponenten absorbiert werden, ist der Anteil der energiereicheren Strahlung im verbleibenden Strahlengemisch — nach Durchlaufen der 1. Halbwertsschicht — größer, so daß sich für die 2. Halbwertsschicht ein größerer Wert ergibt. In der Grobstrukturprüfung versteht man üblicherweise unter Halbwertsschicht den konstanten Wert HWS_∞ nach entsprechend starker Vorfilterung. Rechnerisch erhält man HWS_∞, wenn man den Wert für μ einsetzt, welcher der energiereichsten Strahlenkomponente des Strahlengemisches entspricht. Bei Röntgenstrahlung wäre dies z. B. der μ-Wert für die Grenzwellenlänge λ_0 (vgl. Gl. 2.2). Vielfach, vor allem bei Abschirmproblemen oder beim Bau von Strahlengeräten, wird nicht mit der Halbwertsschicht, sondern mit der Zehntelwertsschicht gearbeitet. Die Dicke der Zehntelwertsschicht ist analog der einer Halbwertsschicht definiert und ergibt sich zu:

$$\text{ZWS} = \frac{2{,}30}{\mu} \qquad (3.2)$$

In Tabelle 3.1 sind die Werte der HWS und ZWS von einigen Stoffen für verschiedene Quantenenergien zusammengestellt.

Tabelle 3.1. Halbwerts- und Zehntelwertsschichten verschiedener Stoffe für Quantenenergien von 0,2; 0,5; 1 und 2 MeV

Stoff	Spez. Gewicht	Quantenenergie 0,2 MeV		Quantenenergie 0,5 MeV		Quantenenergie 1 MeV		Quantenenergie 2 MeV	
		HWS in mm	ZWS in mm	HWS in mm	ZWS in mm	HWS in mm	ZWS in mm	HWS in mm	ZWS in mm
Wasser	1	51	170	63	210	90	300	126	420
Kohle	1,67	36	120	39	130	60	200	87	290
Beton	2,3	25	82	31	105	36	120	62	205
Aluminium	2,7	21,5	72	29	96	34,5	115	54	180
Barytstein	3,5	15	51	21	70	30	100	36	120
Eisen	7,85	6	20	9,5	32	15	50	21	71
Blei	11,4	0,75	2,5	3,9	13	9	30	12,5	42
Wolfram	19,3	0,5	1,7	3	10	6	20	8,4	28
Uran	18,3	0,3	1	2,1	7	4,5	15	7,2	24

Bis zu Quantenenergien von 5 MeV kann man folgende Unterscheidungen treffen (vgl. auch Bild 2.3):

Leicht durchstrahlbare Stoffe: (z. B. Leichtmetalle, Kunststoffe).

Schwer durchstrahlbare Stoffe: (z. B. Blei, Wolfram, Uran).

Hinsichtlich der Strahlung ergibt sich folgende Einteilung:

Weiche Strahlung: Von großer Wellenlänge bzw. kleiner Quantenenergie. Sie ist wenig durchdringungsfähig, ergibt jedoch einen hohen Kontrast (Röntgenstrahlung bis etwa 300 kV).

Harte Strahlung: Von kleiner Wellenlänge bzw. großer Quantenenergie. Sie besitzt große Durchdringungsfähigkeit, ist jedoch kontrastarm (Gammastrahlen, Betatron, Linearbeschleuniger bis etwa 5 MeV).

3.2. Nachweis der Durchlaßstrahlung

Die Reststrahlung hinter dem Prüfobjekt muß auf irgend eine Art und Weise registriert werden. Je nach Prüfproblem werden hierzu verschiedene Methoden angewendet. Auf dem Gebiet der Materialprüfung kommen als Strahlungsdetektoren der Röntgenfilm, der Leuchtschirm und das Zählrohr in Frage.

3.2.1. Röntgenfilme

Der meist angewandte Detektor für die Durchlaßstrahlung ist der Röntgenfilm; man nutzt hierbei die photographische Wirkung der Röntgen- und Gammastrahlen aus. Die Photoschicht (Emulsion) eines Röntgenfilmes besteht aus Silberbromidkörnern, die in einer Gelatineschicht eingebettet sind. Die einzelnen AgBr-

Kristalle sind durch einen Reifungsprozeß zum photographischen Korn zusammen-geballt. Die Schichtdicke einer trockenen Röntgenfilmemulsion beträgt 5 ... 25 μ. Auf eine Fläche von 1 cm^2 kommen etwa 1 Milliarde Emulsionskörner mit einer mittleren Größe von ungefähr 1 μ. Dies entspricht etwa 2 ... 6 mg Silber je cm^2. Durch Einwirkung von Röntgen- oder Gammastrahlen wird von den getroffenen Br$^-$-Ionen (welche mit den Ag$^+$-Ionen das AgBr-Kristallgitter aufbauen) je ein Elektron abgespalten. Diese Photoelektronen werden bevorzugt von AgBr-Kristallen mit Störstellen eingefangen. Die so erzeugten negativen Keime (Wirtskörner) fangen bewegliche Zwischengitter $-$ Ag$^+$-Ionen ein. Dadurch entstehen Silberatome. Dieser durch Bestrahlung veränderte Zustand des photographischen Kornes wird als „latentes Bild" bezeichnet. Bei der Entwicklung des Röntgenfilmes wirken die Silberatome als Katalysatoren, so daß der Reduktionsprozeß bei den Wirtskörnern der Silberatome um Größenordnungen schneller abläuft als bei den nicht durch Strahlen getroffenen Körnern. Außerdem werden beim Entwickeln die dem Silberatom benachbarten etwa 10^9 Ionenpaare des Wirtskorns ebenfalls zu metallischem Silber reduziert. Die chemische Entwicklung bedeutet somit eine Multiplikation mit einem Faktor von etwa 10^9, wie er in der Technik sonst nur mit Hilfe mehrstufiger elektronischer Verstärkung möglich ist. Nach Entwickeln des Röntgenfilmes, üblicherweise nach 5 Minuten bei einer Badtemperatur von 20 °C, werden die nicht von Strahlung getroffenen Silberbromide durch das Fixierbad entfernt, so daß nur an den bestrahlten Stellen metallisches Silber verbleibt und dort eine Schwärzung beobachtet wird. Die Schwärzung des Röntgenfilmes ist eine Funktion der eingefallenen Röntgen- bzw. Gammastrahlendosis und der Emulsionseigenschaften. Sie ist definiert durch den Logarithmus des Verhältnisses der Lichtintensität vor dem Film (I_0) zur durchgelassenen Lichtintensität (I_D). Es gilt:

$$S = \lg\left(\frac{I_0}{I_D}\right) \tag{3.3}$$

Bei S = 0 geht somit die gesamte auffallende Lichtmenge durch den Film, d. h. der Film ist völlig transparent und $I_0 = I_D$. Bei S = 2, der Schwärzung eines normal belichteten Röntgenfilmes, ist $I_D = \frac{1}{100} \cdot I_0$, das bedeutet, daß von der auffallenden Lichtmenge gerade 1 % durchgelassen wird.

Im Gegensatz zu den Filmen für die Lichtphotographie sind Röntgenfilme doppelseitig begossen. Man erhält dadurch auf der Vorder- und Rückseite des Films je ein Röntgenbild, dessen Schwärzungen und Kontraste sich addieren. Da die Trägerschicht (dünne, nicht brennbare Folien aus Celluloseacetat oder Polyester) und die vordere Emulsionsschicht kaum absorbieren, sind die Schwärzungen der beiden Röntgenbilder auf Vorder- und Rückseite des Filmes in erster Näherung gleich. Ein doppelt begossener Röntgenfilm ist somit gegenüber einem nur einfach begossenen auch doppelt empfindlich.

Eine bedeutende Erhöhung der Schwärzung und somit eine Verkürzung der Belichtungszeit erzielt man durch die Verwendung von Verstärkerfolien. Der Film wird zwischen diese Folien in die lichtdichte Kassette eingelegt. Zur Anwendung gelangen entweder Salzfolien (mit $CaWO_4$ beschichtete Papierträger, vgl. Abschnitt 3.2.2) oder Bleifolien von 0,02 ... 0,1 mm Dicke. Die Schwärzung des Röntgenfilmes wird bei Verwendung von Verstärkerfolien nur zu einem Bruchteil durch die einfallende Strahlung (d. h. durch die in der Emulsion erzeugten Photoelektronen) hervorgerufen, zum größeren Teil durch das blaue Fluoreszenzlicht der Salzfolien oder durch die in der Oberfläche der Pb-Folien ausgelösten Elektronen (Photoelektronen). Die Verstärkungsfaktoren für Salzfolien betragen etwa 30 ... 100, für Pb-Folien etwa 3 ... 5.

In vielen Fällen, vor allem bei der Gammadurchstrahlung von dickwandigen Schweißnähten an hochlegierten Werkstoffen oder an Austeniten, wird das Doppelfilmverfahren angewendet. Bei diesem Verfahren werden 2 Röntgenfilme zwischen Verstärkerfolien mit möglichst engem Kontakt zueinander gleichzeitig belichtet. Man erreicht dadurch eine Verkürzung der Belichtungszeit, eine Erhöhung des Kontrastes, den Ausschluß von Filmfehlern und eine Kompensation des Einflusses großer Objektdickenunterschiede auf die Durchlaßstrahlung. Durch die dynamische Betrachtung eines Doppelfilmpaares (symmetrisches Verschieben der beiden Filme bezüglich ihrer kongruenten Lage) läßt sich ein Fehlersignal, welches in der Kornstatistik des Einfachfilmes untergehen würde, vielfach noch wahrnehmen. Bei vergleichbarer Filmgüte ist der Informationsgehalt des Doppelfilmes größer als der des Einfachfilmes.

Der Empfindlichkeitsverlauf eines Röntgenfilmes wird durch die Schwärzungskurve S = f (lg B) wiedergegeben, die die Abhängigkeit der Filmschwärzung S von der relativen Belichtungsgröße B beschreibt. Die Steigung der Schwärzungskurve ist ein Maß für den Kontrast. Sie ist bestimmt durch den Differentialquotienten

$$\gamma = \frac{dS}{d\,(\lg B)} \tag{3.4}$$

und wird als „Gradation" oder Kontrastfaktor des Filmes bezeichnet. Bei den heute zur Verfügung stehenden Röntgenfilmen verlaufen die Schwärzungskurven im Bereich $0 \leq S \leq 4$ monoton steigend mit ebenfalls zunehmender Steigung γ. Ein Beispiel dafür geben die Verläufe für S und γ, die in Bild 3.1 gestrichelt wiedergegeben sind. Die Verläufe sind repräsentativ für alle Röntgenfilme, welche folienlos oder mit Pb-Folien verwendet werden. Eine Abweichung zeigen hochempfindliche Filmsorten, die hauptsächlich zur Verwendung mit Salzverstärkerfolien bestimmt sind. Die in Bild 3.1 durchgezogenen Verläufe für S und γ sind für diese Art von Filmen kennzeichnend. Während die Schwärzung und der Kontrastfaktor für die erstgenannte Filmsorte bis hinauf zu den technisch nicht mehr interessierenden

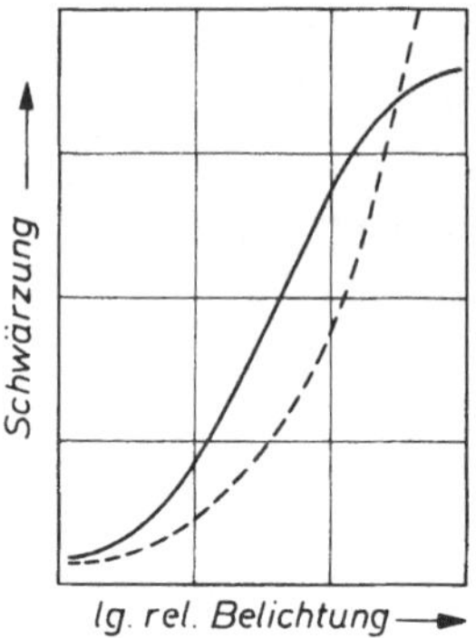

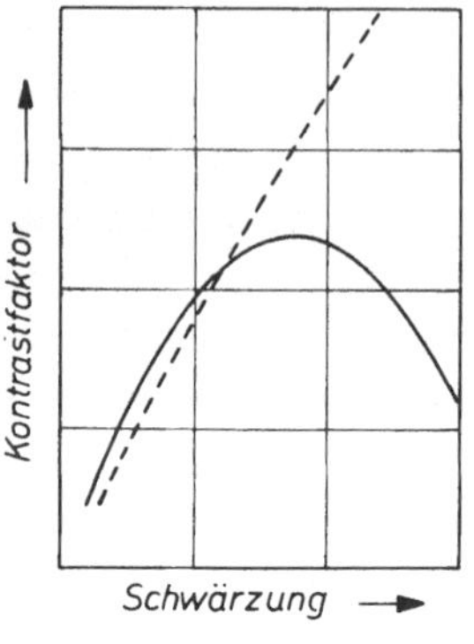

Bild 3.1
Schematische Darstellung der
Schwärzungs- (links) und
Gradationskurven (rechts)
für verschiedene Röntgenfilme
(– – – –: Röntgenfilme für
              Pb-Verstärkerfolien,
———— : Röntgenfilme für
              Salzverstärkerfolien).

Schwärzungswerten von $S = 7$ zunehmen, biegt die Schwärzungskurve bei den hochempfindlichen Filmsorten schon bei $S = 3$ um. Das Umbiegen der Schwärzungskurve wird durch die endliche Schichtdicke der Emulsion, den begrenzten Vorrat an Silberbromidkörnern und durch die andersartige Strahlungs-Charakteristik der Röntgen- und Gammastrahlen gegenüber dem sichtbaren Licht der Salzverstärkerfolien verursacht. Die Eindringtiefe des sichtbaren Fluoreszenzlichtes ist wesentlich geringer als die Eindringtiefe von Röntgen- und Gammastrahlen (dadurch entsteht nur in der „Außenhaut" der Emulsion ein durch Fluoreszenzlicht verursachtes latentes Bild). Außerdem macht ein Röntgen- oder Gamma-Quant mehrere Körner entwickelbar, wogegen bei Licht ein Korn zur Bildung eines latenten Bildes mehrere Quanten benötigt. Aus diesen Gründen zeigen z. B. Filme, welche zur Verwendung mit Pb-Verstärkerfolien hergestellt sind, schon bei $S = 2,5$ anstatt bei $S = 7$ ein Umbiegen ihrer Schwärzungskurve, wenn mit Salzverstärkerfolien, d. h. mit blauem Fluoreszenzlicht gearbeitet wird. Zum Vergleich der Empfindlichkeiten verschiedener auf dem Markt angebotener Filmsorten ist in Tabelle 3.2 eine Zusammenstellung der Belichtungsfaktoren, bezogen auf den Film Structurix D 10 von Agfa-Gevaert, wiedergegeben.

Die Empfindlichkeit von Röntgenfilmen kann nur bei einer konstanten Strahlungsenergie verglichen werden, da Photoemulsionen wellenlängenabhängig sind. Bei Direktbestrahlung mit einer bei 150 kV betriebenen Röntgenröhre muß z. B. die Filmtype Structurix D 4 ohne Folien zur Erzielung einer Schwärzung von $S = 1,6 \ldots 1,8$ mit $100 \ldots 150$ mR beaufschlagt werden, während mit Ir^{192} eine um 2 Größenordnungen höhere Dosis von etwa 12 000 mR notwendig ist.

Sucht man nach einem ordnenden Kriterium für die Güteeinstufung von Röntgenfilmen, so stößt man bald auf Schwierigkeiten. Man erkennt, daß die im entwickelten Film sichtbare Granulation (im Sprachgebrauch allgemein als Körnigkeit bezeichnet) vom Kontrastfaktor sowie von der filmbedingten und von der expositionsbedingten Körnigkeit abhängt. Der Kontrastfaktor ist eine Funktion der Empfindlichkeit. Die filmbedingte Körnigkeit wird durch die Größe der Silberhalogenid-

Tabelle 3.2. Zusammenstellung relativer Belichtungsfaktoren, bezogen auf gleiche Strahlungsenergie und Eigenschaften verschiedener Filmtypen

Filmtyp	Hersteller	Folie	Rel. Belichtungsfaktor	Kontrast	Granulation
Structurix S	Agfa-Gevaert	Salz	0,1	mittel	vom Folientyp abhängig
Regulix	Kodak	Salz	0,1	mittel	vom Folientyp abhängig
Structurix D 10	Agfa-Gevaert	Pb	1	mittel	grob
Mikrotest 3	Dupont-Adox	Pb	2,5	mittel	grob
Kodirex	Kodak	Pb	2,8	mittel	grob
Structurix D 7	Agfa-Gevaert	Pb	4	hoch	mittel
Mikrotest 2	Dupont-Adox	Pb	4	hoch	mittel
AA	Kodak	Pb	4	hoch	mittel
T	Kodak	Pb	9	sehr hoch	fein
M	Kodak	Pb	11	sehr hoch	fein
Mikrotest 1	Dupont-Adox	Pb	14	sehr hoch	fein
Structurix D 4	Agfa-Gevaert	Pb	16	sehr hoch	sehr fein
R	Kodak	Pb	27	sehr hoch	sehr fein
Structurix D 2	Agfa-Gevaert	Pb	60	sehr hoch	äußerst fein

körner, die Schichtdicke und Packungsdichte der Emulsion beeinflußt. Die expositionsbedingte Körnigkeit hängt von der eingefallenen Dosis und von der Strahlungsenergie ab. Die Qualität eines Röntgenfilmes wird immer durch die genannten Faktoren und ihre Folgeerscheinungen bestimmt. Für einen Qualitätsvergleich muß durch Übereinkunft entweder einer oder eine Kombination der genannten Faktoren herangezogen werden.

Der Vollständigkeit halber soll noch erwähnt werden, daß das in der Lichtphotographie bekannte Polaroidverfahren grundsätzlich auch in der Röntgentechnik eingesetzt werden kann. Einer breiteren Anwendung stehen vorläufig noch sein hoher Preis und die geringe Bildqualität entgegen. Das Polaroidröntgenbild ist qualitativ vergleichbar z.B. mit dem Filmtyp D 10 nach Tabelle 3.2.

3.2.2. Leuchtschirm

Die Verwendung von Leuchtschirmen in der Durchstrahlungstechnik beruht auf den Fluoreszenzeigenschaften gewisser Kristalle. Diese Kristalle sind in der Lage, angeregt durch elektromagnetische Wellen (Röntgenstrahlen), ebensolche mit größerer Wellenlänge (im optisch sichtbaren Bereich) auszusenden. Bei diesem als Fluoreszenz[1]) bezeichneten Vorgang erfolgt der Elektronensprung, der die Lichtemission bewirkt, direkt von dem durch die Strahlungsabsorption angeregten Zustand aus.

Reine Kristalle zeigen keine Fluoreszenz. Alle fluoreszierenden Kristalle bestehen aus einem Grundstoff mit eingebauten Fremdatomen, welche als Aktivatoratome oder Leuchtzentren bezeichnet werden. Als Grundstoffe werden heute Zink- und Cadmiumsulfid verwendet. Bei einem entsprechenden Mischungsverhältnis dieser zwei mit Silber aktivierten Sulfide kann man erreichen, daß das spektrale Maximum des Fluoreszenzlichtes gerade in den Bereich maximaler Empfindlichkeit des menschlichen Auges (gelbgrünes Licht bei 5300 Å) zu liegen kommt. Zur Anfertigung der Leuchtschirme wird der feinkristalline Leuchtstoff auf eine Pappe oder Kunststoffunterlage in gleichmäßiger Dicke aufgetragen.

Ebenso wie die Leuchtschirme bestehen auch die Salzverstärkerfolien (vgl. Abschnitt 3.2.1) aus anorganischen Fluoreszenzkristallen. Im Gegensatz zu den Leuchtschirmen ist man jedoch bei den Salzverstärkerfolien bemüht, die Fluoreszenzlichtemission in den blauvioletten Spektralbereich zu legen, in welchem die Photoemulsion ihre maximale Empfindlichkeit besitzt. Als Leuchtstoff für Verstärkerfolien wird Calciumwolframat verwendet, das als feinkristallines Pulver gleichmäßig auf dünnen Karton aufgestrichen wird.

3.2.3. Zählrohre

Zählrohre werden in der Werkstoffprüfung dort verwendet, wo entweder die Prüfaufgabe (z. B. Feststellung von Dicken- oder Dichteunterschieden) oder wirtschaftliche Erwägungen (z. B. Lunkersuche an sehr großen Werkstücken) einen Einsatz des Leuchtschirmes oder des Röntgenfilmes ausschließen.

Ihrer Funktion nach gehören die Zählrohre zu den Entladungsröhren. Sie bestehen aus einem Gehäuse mit 2 Elektroden, an die eine Gleichspannung gelegt ist. Das Gehäuse ist luftdicht abgeschlossen und enthält ein Füllgas (meist ein Edelgas

---

[1]) Bezüglich genauerer Details über die Vorgänge bei der Kristallphosphoreszenz (die Fluoreszenz ist eine Art „spontaner Phosphoreszenz") vgl. Lehrbücher der Atomphysik.

mit einem organischen Dampfzusatz). Durchschlägt nun ein Photon[1] die Wandung des Gehäuses und dringt in das Innere ein, so wird das Gas ionisiert. Unter dem Einfluß des durch die angelegte Spannung hervorgerufenen elektrostatischen Feldes wandern die positiven Ionen zur Kathode und die Elektronen zur Anode. Es fließt ein Strom, der von der Anzahl der eingefallenen Photonen oder Korpuskel abhängig ist. Von Einfluß sind außerdem die geometrische Ausbildung sowie die Größe der Elektroden, die Natur und die Dichte des Füllgases sowie die Größe der angelegten Spannung. Verfolgt man den Ionisationsstrom als Funktion der angelegten Zählrohrspannung, so erhält man die in Bild 3.2a schematisch wiedergegebene Zählrohrcharakteristik.

Den Kurvenverläufen nach läßt sich die Abhängigkeit in 5 Bereiche einteilen. Je nach Arbeitsbereich unterscheidet man zwischen Ionisationskammer (Bereich I und II), Proportionalzähler (Bereich III) und Auslösezähler (Geiger-Müller-Zähler, Bereich IV). Im Bereich V beginnt die Glimmentladung, die für die Strahlenmeßtechnik uninteressant ist. Wird die Zählrohrspannung von Null aus beginnend kontinuierlich gesteigert, so steigt die durch Ionisation bei einem einzigen Impuls hervorgerufene Ladung, bis alle Elektronen und Ionen von den Elektroden eingefangen sind. Der gemessene Ionisationsstrom ist eine Funktion der Ionisationsfähigkeit der einfallenden Strahlung (Bereich I). Sind alle Elektronen und Ionen eingefangen, so läßt sich der Ionisationsstrom auch durch Steigern der Zählrohrspannung nicht mehr erhöhen. Es ist eine gewisse Sättigung erreicht. In diesem Bereich (Bereich II) werden Ionisationskammern betrieben. Die Größe des Ladungsimpulses ist eine Funktion der absorbierten Energie, so daß zwischen stark und schwach ionisierenden Teilchen unterschieden werden kann. Die Ionisationsströme sind schwach und müssen verstärkt werden. In 1 cm^3 Luft von 760 Torr und 0 $^\circ$C ist die von der nach den Strahlenschutzbestimmungen zulässigen Wochendosis (0,1 R) erzeugte Leitfähigkeit so klein, daß die im Sättigungsgebiet gemessene Elektrizitätsmenge nur $3,33 \cdot 10^{-11}$ Amperesekunden beträgt.

Wird nun die Spannung weiter erhöht, so wächst auch die Geschwindigkeit der bei der Ionisation freigewordenen Elektronen, so daß diese auf ihrer Bahn durch Stoßionisation sekundäre Ionen und Elektronen erzeugen können. Bei diesem Prozeß hat jeder Ionisationsakt zwei weitere zur Folge. Es entsteht eine Art Ionisationskaskade auf eng begrenztem Raum. Die primäre Ionisation wird durch diese Gasverstärkung etwa um den Faktor 10^4 verstärkt. In diesem Bereich (Bereich III in Bild 3.2a) ist der Ionisationsstrom der Strahlungsenergie proportional.

Bei noch weiterer Erhöhung der Zählrohrspannung zeigt die Zählrohrcharakteristik wieder eine Art Plateau, den Auslöse- bzw.„Geiger-Müller"-Bereich (Bereich IV). In diesem Bereich tritt neben der Primär-Ionisation und der darauffolgenden Stoßionisation zusätzlich eine Anregung der Moleküle ein. Die Moleküle emittieren Photonen im UV-Gebiet ($\sim$ 900 Å), die an der Kathode (bei der normalen Zählrohrausführung die Außenwand, vgl. Bild 3.2b) durch Photoeffekt zusätzlich zahlreiche Elektronen auslösen. Diese Photoelektronen rufen ihrerseits neue Ionisation und Photoionisation hervor, die sich schnell über das ganze Zählrohrvolumen ausbreiten. Da das Zählrohr jedoch erst wieder ansprechbereit ist, wenn die Entladung unterbrochen ist, werden der Zählrohrfüllung ein organischer Löschdampfzusatz (z. B. Alkohol) oder

---

[1] Ebenso wie Röntgen- oder Gammastrahlen zeigen auch α- und β-Strahlen ionisierende Wirkung. Die Wirkung ist allerdings sehr unterschiedlich. Bei normalen Druck- und Temperaturverhältnissen bewirkt ein α-Teilchen in Luft auf einer Bahn von 1 cm Länge etwa 20 000 Ionisationen, ein β-Teilchen etwa 100 und ein γ-Quant nur eine einzige Ionisation.

Halogene (z. B. Cl_2, Br_2) beigegeben. Diese Zusätze absorbieren die Photonen, so daß die Entladung automatisch abbricht (selbstlöschendes Zählrohr). Der Ionisationsstrom im Auslösebereich ist nicht mehr der Energie, sondern nur der Zahl der eingefallenen Teilchen proportional. Aus diesem Grunde kann mit einem Geiger-Müller-Zählrohr auch nicht mehr zwischen α-, β- oder γ- bzw. Röntgenstrahlen unterschieden werden.

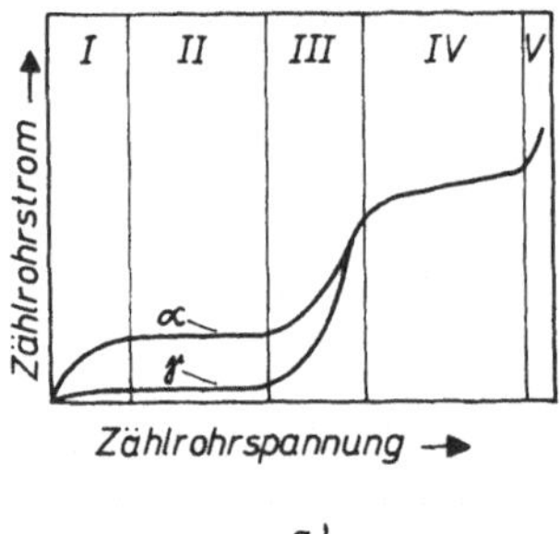

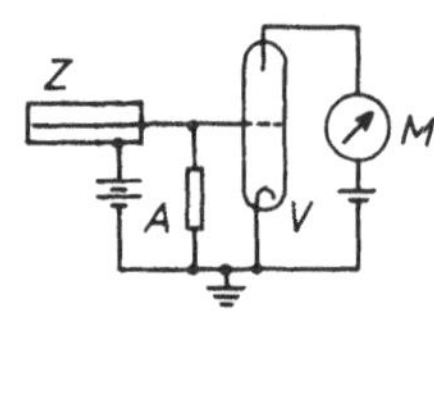

Bild 3.2.

a) Zählrohrcharakteristik (I und II Ionisationsbereich, III Proportionalbereich, IV Auslösebereich, V Glimmbereich).

b) Grundschaltung der Zählrohrstrommessung (Z Zählrohr, A Ableitwiderstand, V Verstärkerröhre, M Meßgerät).

In Bild 3.2b ist der schematische Aufbau eines Geiger-Müller-Zählrohres sowie die Grundschaltung der Zählanordnung wiedergegeben. Außer der einfachen Zylinderform wurden im Laufe der Zeit je nach Verwendungszweck mannigfache Ausführungsformen entwickelt.

3.3. Bildgüte

Die Güte des Durchstrahlungsbildes bestimmt seine Auswertbarkeit. Deshalb müssen alle Faktoren, die die Bildgüte beeinflussen können, beachtet werden. Es muß nach den jeweils gültigen Regeln der Technik gearbeitet werden, wenn optimale Ergebnisse erreicht werden sollen.

3.3.1. Einflußgrößen auf die Bildgüte

Die Bildgüte einer Durchstrahlungsaufnahme wird durch den Kontrast[1] und die Zeichenschärfe bestimmt. Die wichtigsten Einflußgrößen sind in Tabelle 3.3 zu-

---

[1] Es gibt 4 verschiedene Definitionen des Kontrastbegriffes, die alle auf dem Kontrastquotienten basieren. Die wohl eindeutigste Definition gibt den Kontrast als Verhältnis der Hälfte der Intensitätsdifferenz zum Mittelwert der beiden Intensitäten an

$$(K = \frac{I_1 - I_2}{I_1 + I_2} \text{ wobei } I_1 > I_2).$$ Man versteht darunter den Wert, mit dem sich ein Detail von seinem Untergrund abhebt. Die Zahlenwerte für den Kontrast bewegen sich zwischen 0 und 1.

sammengefaßt. Aus dem Schema ist ersichtlich, daß sowohl die Qualität des Strahlungsreliefs als auch die Filmqualität die Bildgüte beeinflussen. Diese beiden Hauptfaktoren spalten sich in Kontrast und Schärfe auf.

Tabelle 3.3. Einflußgrößen auf die Bildgüte.

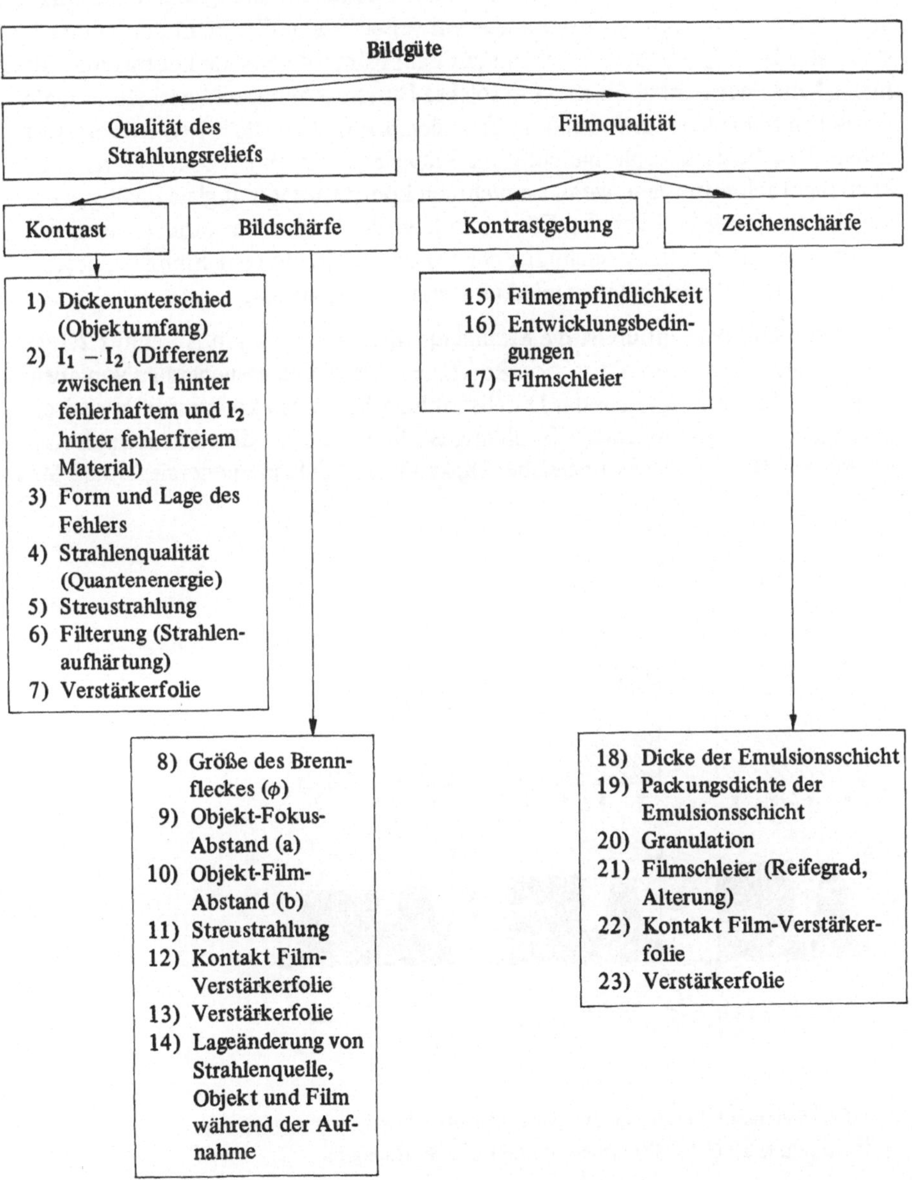

Nach Abschnitt 2.1 bestimmt der Gesamtabsorptionskoeffizient den kleinsten noch erkennbaren Dickenunterschied. Der *Kontrast* wird umso größer, je größer die Dickenunterschiede im durchstrahlten Bereich sind.

Die Differenz $I_1 - I_2$ (I_1 = Intensität hinter fehlerhaftem oder dünnerem Material, I_2 = Intensität hinter fehlerfreiem oder dickerem Material) darf nicht Null sein. Das heißt, die hinter dem Prüfobjekt austretende Strahlung muß hinsichtlich ihrer Intensitätsverteilung Unterschiede aufweisen. Wenn dies nicht der Fall ist, wenn also $I_1 - I_2 = 0$, dann erscheint auf dem Röntgenfilm eine kontrastlose, gleichmäßig helle oder dunkle Fläche. Ein solches Durchstrahlungsbild enthält im mathematischen Sinne keine Information. Trotzdem kann es für die Praxis Aussagewert haben. Eine beiderseits glattgeschliffene Schweißnaht in einer ebenen Platte z. B. kann nicht fehlerfrei sein, wenn sie nicht ein kontrastloses und gleichmäßig geschwärztes Röntgenbild ergibt. Form und Lage des Fehlers beeinflussen auch den Kontrast. Je größer die Ausdehnung des Fehlers in Strahlungsrichtung ist, desto größer ist der Intensitätsunterschied und somit der Kontrast.

Von großem Einfluß ist die Strahlenqualität. Wie schon in Abschnitt 2.1 gezeigt, nimmt der Gesamtabsorptionskoeffizient bis zu Quantenenergien von etwa 5 MeV ab. Daraus folgt, daß das Durchstrahlungsbild umso kontrastreicher wird, je energieärmer die verwendete Strahlung ist. In Bild 3.3 ist dies schematisch für ein fehlerhaftes Werkstück ungleicher Dicke für Ir^{192} (Quantenenergie $\approx$ 0,38 MeV),

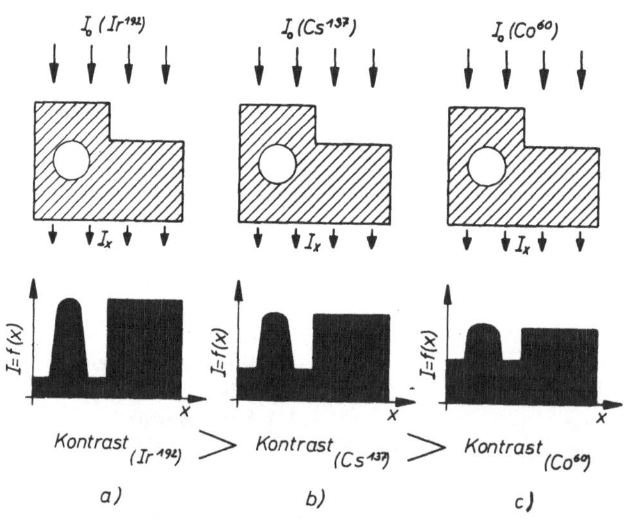

Bild 3.3. Schematische Darstellung der Kontrastgebung von Ir^{192}-Strahlung a), Cs^{137}-Strahlung b) und Co^{60}-Strahlung c).

Cs^{137} (Quantenenergie = 0,66 MeV) und Co^{60} (Quantenenergie $\approx$ 1,25 MeV) dargestellt. I_0 sei die Strahlung vor dem Werkstück, I_x die Durchlaßstrahlung, deren Verlauf mit der Ortskoordinate x in der unteren Bildhälfte wiedergegeben ist. Die Filmschwärzung ändert sich in gleichem Maße wie die Intensität. An Hand der schematisch gezeichneten Intensitätsverläufe ist leicht einzusehen, daß der Kontrast der Durchstrahlungsbilder bei Verwendung von Ir^{192}-Strahlung größer, bei Co^{60}-Strahlung kleiner ist. An sich wäre also der energiearmen, weichen, kontrastreichen Strahlung stets der Vorzug zu geben. Dem stehen wirtschaftliche Erwägungen entgegen (hohe Belichtungszeiten bei großen Wanddicken). Die Strahlungsenergie ist somit der Objektdicke anzupassen. Größere Wanddicken verlangen größere Strahlungsenergie. Bei Röntgengeräten bis 400 kV (darüber hinaus beim Betatron oder Linearbeschleuniger) wird die Beschleunigungsspannung geregelt und dadurch die Strahlungsenergie verändert[1]). Bei radioaktiven Isotopen besteht diese Möglichkeit nicht. Ihre Strahlungsenergie ist konstant und nicht regelbar.

Bildverschleiernd und kontrastmindernd wirkt die Streustrahlung, die sowohl im Prüfobjekt als auch in der von Strahlung getroffenen Umgebung entsteht. Sie verläuft diffus in alle Richtungen, auch entgegen der Primärstrahlrichtung. Mit wachsender Energie der Primärstrahlung nimmt allerdings der Anteil der „Vorwärtsstreuung" in Richtung des Primärstrahls zu und kann dann sogar bildzeichnenden Einfluß haben. Für die Praxis ergibt sich folgendes: Bei Röntgendurchstrahlung von Metallen muß die Filmrückseite gegen Rückstreuung geschützt werden, wenn stark streuende Medien (Holz, Beton, Wasser, Leichtmetall) in der Nähe sind. Bei Gammaaufnahmen ist dies nicht unbedingt erforderlich. Bei Durchstrahlung stark streuender und dickwandiger Objekte (z. B. eines Betonträgers) wird zweckmäßigerweise auch die Vorwärtsstreuung ausgefiltert. Als Filter sind hartgewalzte Zinnfolien von 0,5 . . . 1 mm besser geeignet als die weicheren Bleifolien. Fehler in den Vorfiltern können Fehler im Prüfobjekt vortäuschen. Die Erhöhung der Belichtungszeit bei Verwendung von Vorfiltern ist zu beachten.

Die Filterung der Primärstrahlung beeinflußt nur dann den Kontrast, wenn ein kontinuierliches Strahlenspektrum vorliegt. Ein kontinuierliches Spektrum senden, wie in Kapitel 2 besprochen, alle Geräte aus, bei welchen Elektronen beschleunigt und dann auf einem Target abgebremst werden. Es gibt nun Fälle, in welchen der Informationsgehalt einer Durchstrahlungsaufnahme durch zu große Kontraste herabgesetzt wird. Dann muß mit energiereicherer Strahlung gearbeitet werden. Soll aus einem Strahlenspektrum die weiche Komponente beseitigt werden, so ist es nötig, den Primärstrahl durch ein entsprechendes Filter aufzuhärten. Im Energiebereich von 80 . . . 150 kV genügt hierbei eine Zinnfolie von 0,5 mm Dicke, zwischen 150 und 300 kV von 1 mm Dicke. Wird jedoch in erster Näherung

---

[1]) Faustregel: Diejenigen kV-Zahl sollte eingestellt werden, welche bei maximaler Röhrenstromstärke auf Belichtungszeiten zwischen 0,5 und 5 Minuten führt.

homogene Strahlung mit einem definierten Energiewert gewünscht, so muß spezifisch vorgefiltert werden. In Tabelle 3.4 sind für einige Werte der Beschleunigungsspannung in kV die Filterstoffe und -dicken sowie die erzielten Energien in keV der quasihomogenen Nutzstrahlung angegeben. Als Strahlenquellen dienten eine Weichstrahlröhre (für Beschleunigungsspannungen von 20, 30 und 40 kV) ohne eingebautes Fensterfilter sowie eine normale 200 kV-Grobstrukturröhre (für Beschleunigungsspannungen von 40 . . . 200 kV) mit eingebautem Fensterfilter von 0,3 mm Cu oder 5,2 mm Al.

Tabelle 3.4. Filterdicken zur Erzeugung quasihomogener Nutzstrahlung bei vorgegebener Röhrenspannung[1]).

Röhrenspannung in kV	20	30	40	80	100	120	140	170	200
Filterdicke in mm	Al 3	Al 12	Cu 1	Cu 3	Cu 6	Cu 10,6	Cu 15,8	Cu 19,8	Cu 23
Nutzstrahlungsenergie in keV	18	25	35	61	74	97	115	128	145

Verstärkerfolien wirken sich auf den Kontrast nur insofern aus, als sie eine größere Filmschwärzung hervorrufen. Wie in Abschnitt 3.2.1 schon besprochen, nimmt der Kontrast mit der Schwärzung zu (bei Filmen für Salzfolien bis S = 3, bei Filmen für Pb-Folien bis S = 7). Selbstverständlich würde man bei entsprechend längerer Belichtungszeit ohne Folien denselben Kontrast erreichen.

Da der Begriff der Schärfe schwer zu definieren oder zu messen ist, wird statt dessen der Begriff Unschärfe verwendet. Die *Bildschärfe* wird somit durch die Größe der *geometrischen oder äußeren Unschärfe* bestimmt. Die exakt meßbaren und berechenbaren Werte sind die Größe des Brennfleckes oder die Größe der radioaktiven Strahlenquelle (ϕ), der Abstand Fehler-Fokus (a) sowie der Abstand Fehler-Film (b). In Bild 3.4 sind die Verhältnisse schematisch wiedergegeben. Zunächst sei der Fall betrachtet, daß die Größe des Fokus so klein und die Fehlerausdehnung so groß ist, daß der Fehler einen Kernschatten auf den Film wirft (Bild 3.4 links). Nach dem Strahlensatz gilt dann:

$$\frac{a}{b} = \frac{\phi}{u_a} \text{ und daraus } u_a = \frac{b \cdot \phi}{a} \tag{3.5}$$

---

[1]) Die Intensität nimmt durch die Filterung erheblich ab. Die resultierende Nutzstrahlung ist aus diesem Grunde weniger für Grobstrukturprüfung als vielmehr für Eichzwecke interessant.

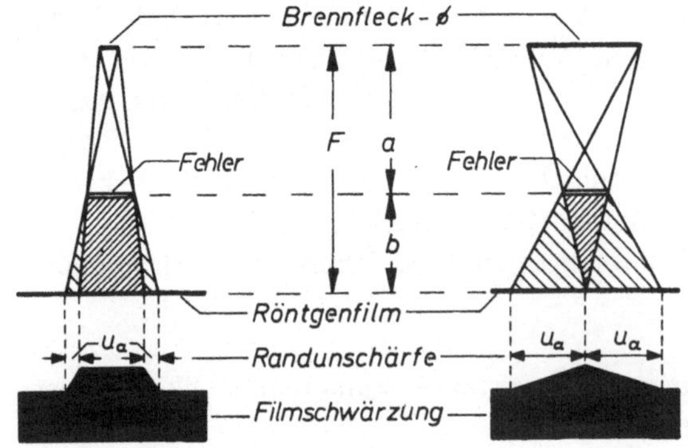

Bild 3.4
Einfluß der Brennfleckgröße „∅", des Film-Fokus-Abstandes „F", des Abstandes Fokus-Fehler „a" und des Abstandes Fehler-Film „b" auf die geometrische Unschärfe „u_a".

Die Ausdehnung des Halbschattengebietes (Randunschärfe) ist gleichbedeutend mit der Größe der äußeren Unschärfe u_a. Je größer der Fokus ϕ oder der Abstand Fehler-Film b bzw. je kleiner der Abstand Fokus-Fehler a, desto größer wird das Halbschattengebiet und somit die äußere Unschärfe. In ungünstigen Fällen (vgl. Bild 3.4 rechts, wo sich die Halbschattengebiete gerade zu berühren beginnen) kann der Kernschatten völlig verschwinden. Durch Vergrößern des Abstandes a bzw. Verkleinern des Fokus ϕ lassen sich in jedem Falle bessere Aufnahmeverhältnisse erreichen.

Die Grenzen zwischen Halb- und Kernschatten werden sowohl durch Streustrahlung als auch durch schlechten Kontakt zwischen Film und Verstärkerfolie verwischt. Der enge Kontakt zwischen Film und Folie kann entweder durch Metallkassetten bzw. durch Leerpumpen der lichtdichten flexiblen Filmkassette oder durch gutes Anpressen (mit Gummigurt bei Rohren oder mit Haltemagneten an ebenen Flächen) der mit Film und Folien bestückten Kassette an das Objekt erreicht werden.

Eine weitere Art von Unschärfe, die definitionsgemäß der geometrischen oder äußeren Unschärfe zuzuordnen ist, ist die Bewegungsunschärfe. Verändern Fokus und Objekt bzw. Fehler und Film während der Belichtung ihre Lage zueinander, so wandern sowohl das Halbschatten- wie auch das Kernschattengebiet. Die Folge davon ist, daß der auf dem Film abgebildete Halbschatten größer, der Kernschatten kleiner wird. Bildschärfeeinbußen durch einen Bewegungseffekt kommen in der Praxis häufig vor, ohne daß sie als solche erkannt werden. Als Beispiele seien Prüfungen erwähnt, bei welchen Objekt, Strahlenquelle und Film einer dauernden, kaum wahrnehmbaren Vibration (Turbinenlauf in Kraftwerken) ausgesetzt sind oder bei Kurzzeit-Gammaaufnahmen mit Belichtungszeiten in der Größenordnung von 10 s oder weniger. Wird mit der Röntgenanlage gearbeitet, so können Strahlenquelle, Objekt und Film vor der Belichtung exakt aufeinander eingerichtet werden.

Der Gammastrahler jedoch wird von Hand oder mittels Fernbedienung in die Expositionsstellung gebracht. Auf dem Weg dorthin und von dort zurück strahlt er frei und ungeschützt in den Raum, auch in Richtung Film. Auf die Filmposition bezogen tritt — strahlenoptisch gesehen — während dieser Zeitspanne gleichsam eine Verzerrung des Brennfleckes ein. Die dadurch bedingte Bewegungsunschärfe kann nur dann im Rahmen gehalten werden, wenn die Strahlerlaufzeit klein bleibt gegenüber der Expositionszeit; Belichtungszeiten unter 30 Sekunden sollten vermieden werden.

Die Beeinflußbarkeit der *Kontrastgebung* von der Film- bzw. Dunkelkammerseite her läßt sich in 3 Punkte aufteilen:

Der Filmtyp gibt je nach Gradation (vgl. Abschnitt 3.2.1) im erwünschten Schwärzungsbereich mehr oder weniger kontrastreiche Bilder. Von den Filmherstellern wird im allgemeinen der mittlere Gradient der Schwärzungskurve (bei Standard-Entwicklung) zwischen den Schwärzungen $1 \leqq S \leqq 3,5$ angegeben. Dieser Mittelwert ist bei sehr empfindlichen Filmen kleiner als bei weniger empfindlichen (vgl. z. B. die Kontrastangaben in Tabelle 3.2).

Auch die Entwicklungsbedingungen beeinflussen den erzielbaren Kontrast. Ein nicht ausentwickelter Film verliert an Kontrast, ein überentwickelter Film verschleiert. Der erste Fall kann eintreten, wenn ein stark überbelichteter Film nur ganz kurz entwickelt wird. Der zweite Fall tritt ein, wenn der Film unterbelichtet ist und durch Überentwickeln gerettet werden soll. Wird die Überentwicklung ins Extrem getrieben („Quälen" des Filmes), so bildet sich ein chemisch bedingter Grauschleier. Einer Erhöhung bzw. Erniedrigung der vorgeschriebenen Entwicklertemperatur von 20 °C entspricht eine Verkürzung bzw. Verlängerung der üblichen Entwicklungszeit von 5 Minuten. Ohne Kontrastminderung können unterbelichtete Filme nicht gerettet werden. Das Verstärken oder Tonen kann zu einer optimalen Schwärzung führen, jedoch leidet die Bildqualität darunter. Überbelichtete Filme hingegen können ohne Kontrastverminderung durch einen subtraktiv arbeitenden Abschwächer auf richtige Schwärzung gebracht werden. Mit Hilfe eines solchen Abschwächers nach *Farmer*[1] werden alle Bildteile um den gleichen Schwärzungsbetrag geschwächt, so daß Schärfe und Kontrast unverändert bleiben. Eine weitere Art von Schleier (Gelbschleier), der sich kontrastmindernd auswirkt, kann entstehen, wenn durch unzureichende Wässerung nach dem Fixierprozeß ein zu hoher Rest Thiosulfat in der Filmschicht verbleibt.

---

[1] Der Abschwächer nach *Farmer* besteht aus 2 Lösungen: 10 Teile Lösung A (100 cm^3 Wasser und 10 g Natriumthiosulfat), vermischt mit 1 Teil Lösung B (100 cm^3 Wasser und 5 g rotes Blutlaugensalz). Nachdem der Film auf die gewünschte Schwärzung gebracht worden ist, muß gut nachgewässert werden.

Die Beschreibung der *Zeichenschärfe* läßt sich einfacher durchführen, wenn man zunächst eine Definition der Unschärfe (innere Unschärfe) gibt. Die *innere Unschärfe* u_i, die bei optimal verarbeiteten Filmen nicht beeinflußt werden kann, beruht auf einem seitlichen Elektronen- oder Licht-Transport im Film bzw. Film-Folienpaket. Hierbei spielen die Dicke der Emulsionsschicht und die Körnigkeit eine wesentliche Rolle. Je größer das Korn, d. h. je empfindlicher der Film, desto größer ist die innere Unschärfe.

Wichtig ist guter Kontakt zwischen Film und Verstärkerfolie. Je größer der Abstand zwischen Film und Folie, desto größer wird die seitliche Abweichung der Photoelektronen bei Pb-Folien bzw. des ausgestrahlten Fluoreszenzlichtes bei Salzfolien.

Das Folienmaterial beeinflußt bei Verwendung von Salzfolien ebenfalls die Zeichenschärfe. Je stärker die Folien verstärken, desto größer sind die Körner des Fluoreszenzstoffes und desto unschärfer wird die Abbildung. Bei nicht optimal verarbeiteten Filmen vermindern die schon oben besprochenen Schleierbildungen auch die Zeichenschärfe.

Soll für eine gegebene Strahlenquelle sowie Film- bzw. Foliensorte die innere Unschärfe bestimmt werden, so muß das Durchstrahlungsbild einer scharfen Kante oder eines schmalen Spaltes photometriert werden. Die Größe des Übergangsbereiches zwischen den zwei benachbarten Schwärzungen S_1 und S_2 ist dann ein Maß für die innere Unschärfe.

In Tabelle 3.5 sind einige Werte der inneren Unschärfe bei optimaler Verarbeitung der Röntgenfilme für Röntgen-, Betatron-, Linearbeschleuniger- und Gammafilmaufnahmen angegeben.

Bei Leuchtschirmprüfungen nach Abschnitt 3.2.2 muß nur ein Teil der in Tabelle 3.3 aufgeführten Punkte beachtet werden. Es fallen z. B. alle Folieneinflüsse weg. Die Dicke der Leuchtschicht und die Größe der einzelnen Leuchtstoffkriställchen beeinflussen hier die Bildgüte. Der Wert für die innere Unschärfe u_i bei Leuchtschirmen liegt zwischen 0,6 und 1 mm.

Wie aus Gleichung 3.5 hervorgeht, wird die geometrische Unschärfe von immer geringerem Einfluß, je kleiner der Fokus oder die Strahlenquelle bzw. je größer der Film-Fokus-Abstand gewählt wird. Theoretisch bestünde an sich die Möglichkeit, die geometrische oder äußere Unschärfe völlig auszuschalten. Es hat aber keinen Sinn und wäre unwirtschaftlich, die geometrische Unschärfe kleiner zu halten als die von Strahlungsenergie, Filmsorte und Folienart abhängige innere Unschärfe. Es genügt, die Bedingung

$$u_a \leqq u_i \qquad\qquad\qquad (3.6)$$

Tabelle 3.5. Innere Unschärfe für verschiedene Arbeitsweisen.

Strahlenquelle		Röntgenröhre						Betatron	Linearbeschleuniger				Ir^{192}	Co^{60}
Strahlenenergie in MeV		$<0{,}08$		$>0{,}08$		$>0{,}08$		15	1		10		0,38	1,25
Verstärkerfolie	ohne	x		x					x		x			
	Pb		x		x			x					x	x
	Ta									x		x		
	Salz, feinzeichnend					x								
	Salz, hochverstärkend						x							
Filmtype	Feinstkorn							x	x	x	x	x		
	Feinkorn	x	x	x	x								x	x
	für Salzfolie					x	x							
u_i in mm		0,1	0,1	0,2	0,2	0,3	0,4	0,6	0,2	0,6	0,6	1,6	0,2	0,5

zu erfüllen. Durch Umformen der Gleichung (3.5) und Berücksichtigung der in Bild 3.4 gezeichneten Strahlengänge erhält man für den Film-Fokus-Abstand F:

$$F = a + b = \frac{b \cdot \phi}{u_a} + b = b\left(\frac{\phi + u_a}{u_a}\right) \tag{3.7}$$

Eine weitere Vergrößerung des Abstandes ergibt für die Bildgüte keinen Vorteil mehr und erhöht nur die Belichtungszeit gemäß dem Abstandsquadratgesetz.

Nach Gleichung (3.6) kann der Ausdruck u_a durch u_i ersetzt werden. Man erhält somit für den optimalen Film-Fokus-Abstand:

$$F_{opt} = b\left(\frac{\phi + u_i}{u_i}\right) \tag{3.8}$$

3.3.2. Kontrolle und Nachweis der Bildgüte

Jeder Werkstoffprüfer wird bemüht sein, alle in Abschnitt 3.3.1 besprochenen Einflußfaktoren so zu gestalten, daß maximale Bildgüte erreicht wird. Dennoch ist es wichtig, die Bildgüte einer Durchstrahlungsaufnahme quantitativ bestimmen zu können. Dies ist zur eigenen Kontrolle notwendig, insbesondere aber dann unumgänglich, wenn die Aufnahmen z. B. von einem Institut X angefertigt und von einer Abnahmestelle Y beurteilt werden.

Üblicherweise erfolgt diese Kontrolle dadurch, daß ein Testkörper zusammen mit dem Prüfobjekt durchstrahlt wird. Der Testkörper soll filmfern, also auf der der Strahlenquelle zugewandten Objektseite liegen. Als Testkörper wurden im Laufe der Zeit in den verschiedenen Ländern zahlreiche Formen und Größen vorgeschlagen, die sich jedoch alle dem Draht-Typ oder dem Bohrloch-Typ zuordnen lassen. Der in Deutschland verwendete und in der Norm DIN 54109 empfohlene Testkörper gehört zum Draht-Typ. Er besitzt gegenüber dem Bohrloch-Typ den Vorteil, daß die Sichtbarkeit eines Drahtes von der Richtung der Strahlung weitgehend unabhängig ist.

Die nach DIN 54109 empfohlenen Testkörper oder DIN-Stege bestehen aus einer Folge von Drähten verschiedener Durchmesser, die in eine durchsichtige Kunststoff-Folie eingeklebt sind. In Bild 3.5 ist das Schattenbild mit den Abmessungen eines Drahtsteges DIN Fe 10/16 wiedergegeben. Die Durchmesser der Drähte nehmen angenähert in geometrischer Folge mit dem Quotienten $\dfrac{1}{\sqrt[10]{10}}$ ab. Die Drahtdicken selbst sind im einzelnen durch die in Tabelle 3.6 angegebenen Werte festgelegt.

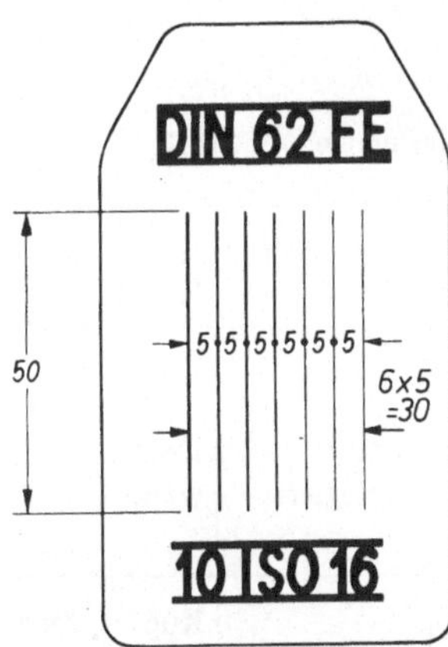

Bild 3.5
Drahtsteg DIN FE 10/16 nach DIN 54109.

In Tabelle 3.7 sind für Eisen (und Stahl), Kupfer sowie Aluminium die Kennzeichnung und der Aufbau der Drahtstege nach DIN 54109 zusammengestellt. Für jede Werkstoffgruppe sind 3 verschiedene DIN-Stege vorgesehen und zwar Steg 1/7, Steg 6/12 sowie Steg 10/16. Die bei einer Durchstrahlungsaufnahme erreichte Bildgüte wird durch den dünnsten Draht gekennzeichnet, dessen Schattenbild in der Aufnahme gerade noch zu sehen ist. Nach diesem Verfahren läßt sich eine absolute Bildgüte ohne Bezug auf die durchstrahlte Objektdicke angeben. Es wird nur die Nummer

Tabelle 3.6. Durchmesser, zulässige Abweichungen und Nummern der Drähte nach DIN 54109.

Drahtdurch- messer mm	Zulässige Abweichung mm	Drahtnummer
3,20 2,50 2,00	± 0,03	1 2 3
1,60 1,25 1,00 0,80 0,63	± 0,02	4 5 6 7 8
0,50 0,40 0,32 0,25 0,20 0,16	± 0,01	9 10 11 12 13 14
0,125 0,100	± 0,005	15 16

Tabelle 3.7. Bezeichnung, Aufbau und Werkstoff der Drahtstege für einige Werkstoffe.

Bezeichnung	Nummern der Drähte	Länge der Drähte in mm	Werkstoff der Drähte	zu prüfende Werkstoffe
DIN FE 1/7	1 2 3 4 5 6 7	50		
DIN FE 6/12	6 7 8 9 10 11 12	50 oder 25	Stahl unlegiert	Eisen-werkstoffe
DIN FE 10/16	10 11 12 13 14 15 16	50 oder 25		
DIN CU 1/7	1 2 3 4 5 6 7	50		Kupfer, Zink und ihre Legierungen
DIN CU 6/12	6 7 8 9 10 11 12	50	Kupfer	
DIN CU 10/16	10 11 12 13 14 15 16	50 oder 25		
DIN AL 1/7	1 2 3 4 5 6 7	50		
DIN AL 6/12	6 7 8 9 10 11 12	50	Aluminium	Aluminium und seine Legierungen
DIN AL 10/16	10 11 12 13 14 15 16	50 oder 25		

des kleinsten sichtbaren Drahtes als Bildgütezahl BZ festgestellt. Die Nummernfolge
verläuft dem Drahtdurchmesser entgegengesetzt, d. h. mit abnehmendem Drahtdurchmesser nimmt die Bildgütezahl BZ zu. Nachteilig ist bei Kupfer und Aluminium die
Zusammenfassung der Basismetalle und ihrer Legierungen in einer Gruppe. Während
z. B. in den USA bei der Prüfung von Legierungen jeglicher Art die Testkörper aus
dem entsprechenden Legierungsmaterial angefertigt werden müssen, kann es bei der
in der Norm DIN 54109 empfohlenen Methode vorkommen, daß je nach Absorptionsunterschied zwischen Objekt und Drahtmaterial nicht mehr eine absolute, sondern nur noch eine relative Bildgütezahl angegeben wird.

Vorschläge für 2 verschiedene Bildgüteklassen, welche bei der Durchstrahlung
von Eisenwerkstoffen Anwendung finden können, sind in DIN 54109, Blatt 2 aufgeführt. Die Bildgüteklassen I und II sind definiert durch die Größe der zu erreichenden Bildgütezahl bei vorgegebener, zu durchstrahlender Werkstoffdicke. Die Bildgüteklasse I stimmt im Bereich von 10 ... 150 mm Werkstoffdicke mit den vom International Institute of Welding (IIW) erarbeiteten Vorschlägen überein. Für die Dickenbereiche von 0 ... 10 mm und von 150 ... 200 mm wurden diese Vorschläge vom
Arbeitsausschuß „Zerstörungsfreie Werkstoffprüfung" des Fachnormenausschusses
Materialprüfung ergänzt. Die unter optimalen Arbeitsverhältnissen bei Anwendung
von 5 verschiedenen Durchstrahlungsverfahren erreichbaren Bildgütezahlen BZ und
die nach den Vorschlägen für Bildgüteklasse I bzw. II (DIN 54109, Blatt2) geforderten Bildgütezahlen sind in Bild 3.6 wiedergegeben. Im Gebiet kleiner und mittlerer
Wanddicken führt die Anwendung von Röntgenstrahlen, im Gebiet großer Wanddicken die Anwendung des Linearbeschleunigers zu den besten BZ-Werten. Bei Anwendung von Ir^{192}-Strahlung erreicht man bei Wanddicken unter 8 mm nur Bildgüteklasse II, während bei Wanddicken über 8 mm Bildgüteklasse I oder darüber er

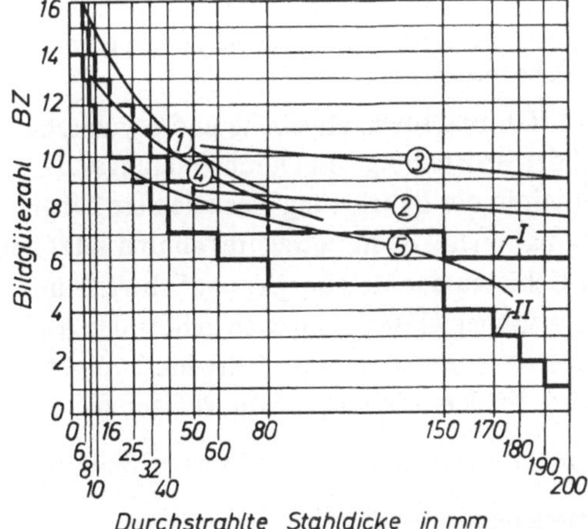

Bild 3.6

Erreichbare Bildgütezahlen für verschiedene Durchstrahlungsverfahren
und Mindestforderungen für die Bildgüteklassen I und II nach DIN 54109.

① Röntgenstrahlen $\leq$ 300 kV, Pb-
Folien, Feinkornfilm

② Betatron, Pb-Folien, Feinkornfilm

③ Linearbeschleuniger, Ta-Folie
(vorne), Feinkornfilm

④ Ir^{192}, Pb-Folien, Feinkornfilm

⑤ Co^{60}, Pb-Folien, Feinkornfilm

I BZ-Mindestforderung für Bildgüteklasse I

II BZ-Mindestforderung für Bildgüteklasse II

reicht werden kann. Die zu fordernde Bildgüte richtet sich nach Verwendungszweck und späterer Betriebsbeanspruchung des Prüfobjekts. Sie kann von Fall zu Fall und unter Beachtung der Aufnahmebedingungen festgelegt oder vereinbart werden.

Eine behelfsmäßige Nachweismöglichkeit für die erreichte Bildgüte besteht in der Schwärzungskontrolle. Unter der Voraussetzung, daß nach den Regeln der Technik gearbeitet wird (Berücksichtigung aller in Abschnitt 3.3.1 erwähnten Punkte), erhält man die höchsten Bildgütezahlen für Schwärzungen im Bereich $S = 3 \pm 0,5$. Dieser Wert gilt in 1. Näherung unabhängig davon, mit welcher Strahlungsenergie gearbeitet wird. Er ist außerdem unabhängig von der Art der verwendeten Prüfstege. Da die Bildgütezahl als Funktion der Schwärzung $(BZ = f(S))$ ein sehr flaches Maximum besitzt und der Unterschied ΔBZ für die Schwärzung im BZ-Maximum und für die Schwärzung $S = 2$ nur etwa 0,5 beträgt, wird für die Praxis eine optimale Schwärzung von $2 \leqq S_{opt} \leqq 3$ empfohlen.

3.3.3. Fehlererkennbarkeit

Während die Bildgüte definiert beeinflußbar, berechenbar und absolut ist, können Aussagen über die Fehlererkennbarkeit nur unter Zugrundelegung bestimmter Annahmen über Art und geometrische Lage des Fehlers bezüglich der Durchstrahlungsrichtung gemacht werden. Grundsätzlich hängt die effektive Fehlererkennbarkeit von objektiven und subjektiven Faktoren ab. Die objektiven Faktoren schließen außer Art und Lage des Fehlers alle in Abschnitt 3.3.1 und 3.3.2 im Zusammenhang mit der Bildgüte behandelten Punkte ein.

Weitere Punkte sind das in Abschnitt 3.2.1 beschriebene Doppelfilmverfahren und die Naßbeurteilung. Bei Naßbeurteilung des Durchstrahlungsbildes liegt sowohl ein etwas kontrastreicheres Bild als auch eine größere Schwärzung gegenüber dem trockenen Film vor. Die Anhebung der Bildgüte ist darauf zurückzuführen, daß die nassen und gequollenen Emulsionsschichten andere Reflexions- und Absorptionseigenschaften als die trockenen besitzen. Die Schwärzungskurve des nassen Filmes verläuft etwas steiler. Bei einem auf $S = 2,5$ belichteten Film kann dieser Schwärzungsunterschied $\Delta S = 0,1 \ldots 0,2$ betragen.

Als subjektive Faktoren kommen Erfahrung sowie physische und psychische Einflüsse in Betracht. Die Erfahrung bei der Beurteilung von Durchstrahlungsaufnahmen wächst mit der Zeit. Die Sicherheit in der Beurteilung eines Fehlers hängt von der Anzahl der „gespeicherten Informationen" beim Betrachter ab und setzt langjährige Praxis sowie Kenntnisse auf den Gebieten der Metallurgie, der Schweiß- und der Verfahrenstechnik voraus. Zu den physischen Gesichtspunkten gehört das Auflösungsvermögen des menschlichen Auges, welches durch einen Sehwinkel von etwa 1 Winkelminute nach unten begrenzt wird. Fehlerabbildungen von weniger als $\frac{1}{10}$ mm Linearabmessung werden nicht mehr wahrgenommen, auch wenn Schärfe und Kontrast für ihre Erkennbarkeit ausreichen würden.

Unter der Kontrastempfindlichkeit des menschlichen Auges versteht man das Verhältnis $\frac{L}{\Delta L}$. Dabei ist ΔL der kleinste, eben noch wahrnehmbare Helligkeitsunterschied zweier aneinandergrenzender Flächen mit den Leuchtdichten L und $L + \Delta L$. Das Kontrastempfinden nimmt mit der Adaptionsleuchtdichte zu, durchläuft bei Leuchtdichten zwischen etwa 10^2 und 10^3 cd/m^2 ein breites Maximum (physiologisch optimaler Helligkeitsbereich) und fällt bei höheren Leuchtdichten wieder ab. Für die Beurteilung von Filmen der Schwärzung $S = 3$ sollte daher ein Filmbetrachtungsgerät mit einer Leuchtdichte von mindestens 10^5 cd/m^2 zur Verfügung stehen.

Die Einheit Candela pro Quadratmeter (cd/m^2) gehört zu den photometrischen Grundgrößen, die keine objektiven Meßgrößen darstellen. Sie sind durch die Bezugnahme auf das Helligkeitsempfinden des menschlichen Auges subjektiven Charakters. In den Bereich von 10^{-2} bis 10^{-1} cd/m^2 fällt z. B. die Beleuchtung einer hellen Fläche durch Mondlicht. In den optimalen Bereich von 10^2 bis 10^3 cd/m^2 fällt die Beleuchtung im Innenraum durch helles künstliches Licht oder im Freien an trüben Tagen durch natürliches Tageslicht. Die Leuchtdichte einer Buchseite bei hellem Tageslicht beträgt 10^2 cd/m^2. Bei der auf sonniger Straße (etwa $8 \cdot 10^3$ cd/m^2), am Strand oder im Schnee (über 10^4 cd/m^2) herrschenden Leuchtdichte nimmt das Kontrastempfinden schon wieder ab.

Blendung der Augen, hervorgerufen durch schlechte Adaption oder zu große Schwärzungsunterschiede auf dem Röntgenfilm, setzt die subjektive Fehlererkennbarkeit herab. Werden die Augen ungeschützt einer Blendung durch eine Leuchtdichte von ca. $5 \cdot 10^5$ cd/m^2 ausgesetzt (z. B. beim Filmwechsel am Lichtkasten), so kann es Minuten dauern, bis wieder völlige Adaption eingetreten ist. Täuschungen durch den Machschen Effekt[1] oder durch zu große oder zu kleine Umgebungshelligkeit im Anschluß an den zu beurteilenden Filmbereich oder außerhalb der Filmfläche seien hier nur am Rande erwähnt.

Der Vollständigkeit halber sei abschließend erwähnt, daß auch psychische Einflüsse bei der Filmbeurteilung eine Rolle spielen können.

3.4. Auswahl der Strahlenart und Filmtype; Belichtungsdiagramme

Die Entscheidung darüber, ob bei einer Prüfung Röntgen- oder Gammastrahlen eingesetzt werden sollen, hängt von der geforderten Bildgüte sowie von wirtschaftlichen und ortsbedingten Faktoren ab. Überall dort, wo die Prüfgeräte an schwer zugängliche Stellen gebracht werden müssen, wo der Aufbau der Geräte schwierig ist und große Nebenzeiten erfordert, wird die Gammadurchstrahlung auf Grund des geringeren apparativen Aufwandes gegenüber der Röntgendurchstrahlung im Vorteil sein. Bei der Röntgendurchstrahlung kann jedoch die Strahlenqualität durch Regelung der Röhrenspannung verändert werden. Je höher die Röhrenspannung, desto härter und energiereicher ist die zur Verfügung stehende Röntgenstrahlung. Damit

---

[1] Das Auge empfindet eine subjektive Kontrasterhöhung an Schwärzungssprüngen durch die Vortäuschung heller und dunkler Begrenzungslinien, die objektiv gar nicht meßbar sind. Diese Täuschung wird umso größer, je größer der objektiv meßbare Kontrast ist.

können die Arbeitsbedingungen — innerhalb der Belastbarkeitsgrenzen der Röntgenröhre — der Objektwanddicke oder einer Veränderung des Fokus-Filmabstandes weitgehend ohne nennenswerte Vergrößerung der Belichtungszeiten angepaßt werden. Bei der Gammadurchstrahlung ist hingegen die Intensität nicht beeinflußbar (die Verdoppelung des Abstandes Strahler-Film hat eine Vervierfachung der Belichtungszeit zur Folge), außerdem kann die Strahlungsenergie nicht verändert werden.

Somit ergibt sich etwa folgende Abgrenzung: Für lang durchlaufende, ebene oder annähernd ebene Schweißnähte, z. B. an Öltanks oder Brückenkonstruktionen, bei denen aus Gründen der Wirtschaftlichkeit die größten genormten Filmlängen (72 cm) zur Verwendung kommen, wird die Röntgendurchstrahlung im Vorteil sein. An schwer zugänglichen Stellen und bei schwierigem Aufbau wird man der Gammadurchstrahlung den Vorzug geben. Dies ist vor allem auf dem Gebiet der Durchstrahlung von Rohrschweißnähten der Fall, wo noch weitere verfahrenstechnische Gesichtspunkte (vgl. Abschnitt 4.1.1) eine Rolle spielen. Es muß jedoch darauf hingewiesen werden, daß bei kleinen Wanddicken die weichere Röntgenstrahlung immer kontrastreichere Bilder ergibt als die relativ harte Gammastrahlung der gebräuchlichen radioaktiven Isotope. Kommt aus Wirtschaftlichkeitsgründen auch bei kleinen Wanddicken die Gammadurchstrahlung zur Anwendung, so muß ein Kontrastverlust und damit eine Verminderung der Bildgüte und der Fehlererkennbarkeit in Kauf genommen werden. Es gibt allerdings Fälle, wo — bei sehr ungleichen Wanddicken — die härtere Gammastrahlung einen natürlichen Kontrastausgleich zur Folge hat und somit eine gleichmäßigere Beurteilung von Zonen unterschiedlicher Wanddicken ermöglicht. (Bei Anwendung von Röntgenstrahlen müßte zur Erzielung des gleichen Effektes durch entsprechende Schwermetallvorfilterung eine Aufhärtung der Röntgenstrahlung vorgenommen werden.)

Einen ungefähren Überblick über die bei gegebener Stahldicke zweckmäßige Strahlungsenergie gibt Bild 3.7. Die Entscheidung darüber wird von der verwendeten Filmtype und von der geforderten Bildgüte beeinflußt. Außer für die Durchstrahlung dicker Gußstücke sollten keine Filme mit nur mittlerem Kontrast und grober Granulation (vgl. Tabelle 3.2) verwendet werden.

In den Diagrammen des Bildes 3.8 sind die Belichtungskurven für Stahl mit verschiedenen Röhrenspannungen für Eintankanlagen (Bild a) und für verschiedene Gammastrahler (Bild b) wiedergegeben. Die Diagramme sind bezogen auf eine Schwärzung von 2 und abgestimmt auf die etwa gleich empfindlichen Röntgenfilme Mikrotest 2 (Adox-Dupont), Structurix D 7 (Agfa-Gevaert) und Kodak-AA (Kodak). Für eine Stahldicke von 20 mm und eine Röhrenspannung von 200 kV führt der Schnittpunkt der 200 kV-Geraden mit dem Abszissenlot bei 20 mm Fe auf einen Belichtungswert von 12 mAmin (den Belichtungswert gibt das Lot durch den Schnittpunkt auf die Ordinate). Die Belichtungszeit ergibt sich durch die maximale Belastbarkeit der Röntgenröhre. Bei einer Maximalbelastung von 4 Milliampere würden

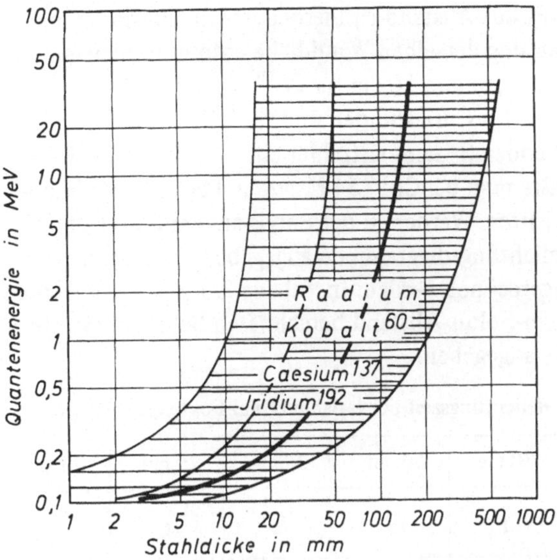

Bild 3.7

Empfehlenswerte Strahlungsenergie bei vorgegebener Stahldicke (Optimalwerte; noch zulässige Werte).

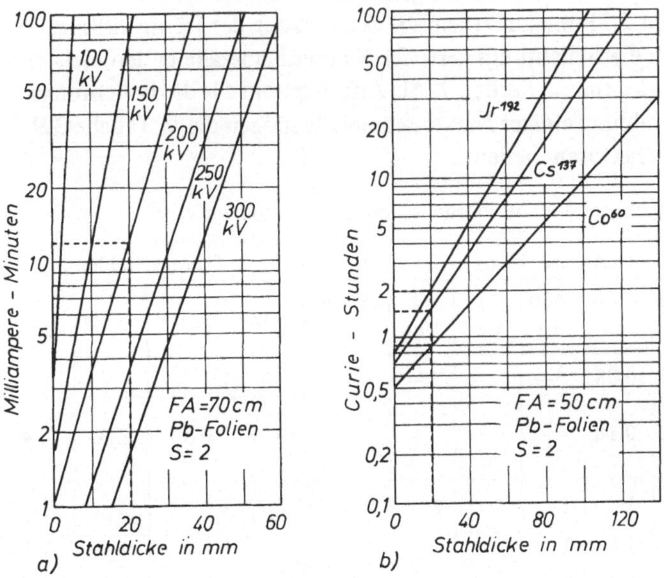

Bild 3.8. Belichtungsdiagramme für Adox-Dupont-Mikrotest 2-, Agfa-Gevaert-Structurix D 7- und Kodak -AA- Röntgenfilme.

a) Diagramm für Eintankgeräte (Halbwellenschaltung)

b) Diagramm für Ir^{192}, Cs^{137} und Co^{60}.

Die Diagramme sind auf eine Schwärzung von S = 2 abgestimmt.

sich also 3 min ergeben. Der Film-Fokus-Abstand ist hierbei, wie im Diagramm angegeben, 70 cm. Für die Durchstrahlung derselben Wanddicke entnimmt man aus Bild 3.8 b bei einem Film-Fokus-Abstand von 50 cm für Co^{60} einen Belichtungswert von 0,9 Curiestunden, für Cs^{137} 1,5 Curiestunden und für Ir^{192} 2 Curiestunden. Wenn jeder der zur Verfügung stehenden 3 Gammastrahler eine Aktivität von 1 Curie (1000 Milli-Curie) hätte, dann müßte man bei Co^{60} 54 Minuten, bei Cs^{137} 90 Minuten und bei Ir^{192} 120 Minuten belichten. Werden in der Praxis andere Film-Fokus-Abstände verwendet als in den Belichtungsdiagrammen angegeben, so muß im Verhältnis des Abstandsquadrates umgerechnet werden. In Tabelle 3.8 sind die Faktoren zur Umrechnung der auf 70 cm Film-Fokus-Abstand berechneten Belichtungszeiten für kleinere bzw. größere Abstände angegeben.

Tabelle 3.8. Korrekturfaktoren für die Belichtungszeit bei variablen Film-Fokus-Abständen.

Film-Fokus-Abstand	100 cm	70 cm	50 cm	35 cm	25 cm	17 cm
relative Belichtungszeit	2	1	$^1/_2$	$^1/_4$	$^1/_8$	$^1/_{16}$

Da sich der Absorptionsfaktor für die technischen Metalle mit der Strahlungsenergie ändert (vgl. Bild 2.3) und außerdem die Schwärzung des Röntgenfilmes energieabhängig ist, müssen die Belichtungswerte für Nichteisenmetalle in den meisten Fällen erst im Versuch bestimmt werden[1]. Als Anhaltspunkt für die Belichtungskorrektur bei Durchstrahlung einiger Nichteisenmetalle mögen die in Tabelle 3.9 aufgeführten Korrekturfaktoren dienen.

Tabelle 3.9. Relative Belichtungszeiten für Nichteisenmetalle, bezogen auf Stahl.

Material	Röntgenstrahlen							Gammastrahlen			
	100 kV	150 kV	200 kV	400 kV	1 MeV	2 MeV	15–24 MeV	Ir^{192}	Cs^{137}	Co^{60}	Radium
Magnesium	0,05	0,05	0,08	–	–	–	–	–	–	–	–
Aluminium und seine Legierungen	0,08	0,12	0,18	–	–	–	–	0,28	0,30	0,35	0,4
Eisen und Stahl	1	1	1	1	1	1	1	1	1	1	1
Kupfer	1,6	1,6	1,5	1,5	–	–	–	1,1	1,1	1,1	1,1
Zink	–	1,4	1,3	1,3	–	–	–	1,1	1	1	1
Messing*)	–	1,4	1,3	1,3	1,2	1,2	–	1,1	1,1	1,1	1,1
Blei	–	14	12	–	5,0	2,5	–	4	3,2	2,3	2

*) Bei Zinn- und Blei-Bronzen sind die Faktoren höher.

[1] Die einzelnen Röntgenfilmhersteller stellen für ihre Röntgenfilme Belichtungsdiagramme für Aluminium und Stahl zur Verfügung.

Soll durch Testversuche für ein beliebiges Material, ohne Kenntnis von Halbwertsschichten oder Absorptionskonstanten, ein exaktes Belichtungsdiagramm z. B. für eine Schwärzung von S = 2,5 aufgestellt werden, so ist folgendermaßen vorzugehen: Bei einer bestimmten Strahlungsenergie (z. B. 180 kV Röhrenspannung oder der nicht veränderlichen Strahlungsenergie eines Gammastrahlers) werden bei konstanter Röhrenstromstärke bzw. konstanter Strahlerintensität und bei gleichbleibendem Film-Fokus-Abstand 3 Aufnahmen einer Stufentreppe aus dem zu untersuchenden Material angefertigt. Die Treppe ist z.B. so gestaltet, daß jede Stufe um 2 mm Materialdicke zunimmt. Als Belichtungszeiten werden im logarithmischen Zeitmaßstab aequidistante Werte wie z. B. 2,5, 5 und 10 min gewählt. Die Schwärzungstreppen auf den entwickelten Aufnahmen ermöglichen nun − für die jeweilige Belichtungszeit als Parameter − die erzielte Schwärzung als Funktion der Materialdicke aufzutragen (vgl. Bild 3.9 a, b, c). Die für eine optimale Schwärzung von S = 2,5 aus den einzelnen Diagrammen von Bild 3.9 a − c ablesbaren Materialdicken werden nun im halblogarithmischen Maßstab gegen die Zeit aufgetragen (vgl. Bild 3.9 d). Die durch diese 3 Punkte zu legende Gerade stellt die gewünschte Belichtungskurve dar.

Die Aufstellung von Belichtungskurven nach der beschriebenen Methode ist selbstverständlich auch ohne photometrische Bestimmung der Schwärzungen möglich. Als Vergleichsmaßstab genügen mit hinreichender Genauigkeit die von den Röntgenfilmherstellern angebotenen Schwärzungsschieber.

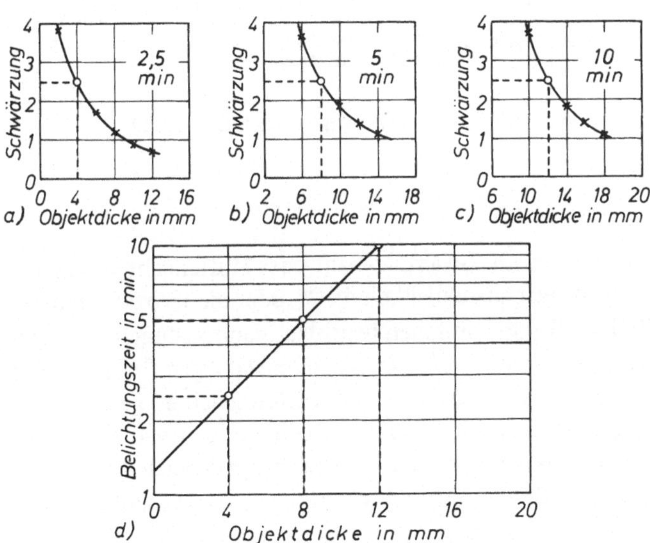

Bild 3.9. Aufstellung eines Belichtungsdiagrammes (Beschreibung s. Text).

4. Aufnahmetechnik und Prüfbeispiele

4.1. Durchstrahlung von Schweißnähten an Stahlwerkstoffen

Eine Zusammenstellung der Schweißnahtformen ist in der Norm DIN 1912 wiedergegeben. Die 10 wichtigsten Grundtypen sind in Bild 4.1 dargestellt. Richtlinien für die Prüfung von Schweißverbindungen metallischer Werkstoffe mit Röntgen- und Gammastrahlen gibt die Norm DIN 54111[1]). Die in dieser Norm aufgeführten Empfehlungen sollen hier nicht im einzelnen wiedergegeben, sondern in Verbindung mit eigenen Erfahrungen erst im Zusammenhang mit den Prüfbeispielen besprochen werden.

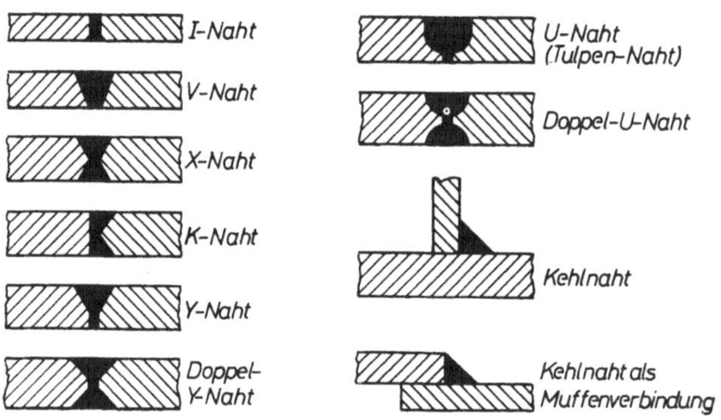

Bild 4.1. Zusammenstellung verschiedener Schweißnahtformen (nach DIN 1912).

4.1.1. Rohrschweißverbindungen

Dünnwandige Rohre werden mit I-Naht, V-Naht oder Muffennaht verschweißt. Bei dickwandigen Rohren wird fast ausschließlich die Y- oder die U- bzw. Tulpen-Nahtform verwendet. Sind die Rohre von innen begehbar, dann kommen auch die X- oder Doppel-Y-Nahtform zur Anwendung. Zu den dünnwandigen Rohren sollen hier alle Rohre mit Normalwanddicken (bezogen auf die Nennweiten) gerechnet werden, zu den dickwandigen Rohren alle Rohre für Hoch- und Höchstdruck- bzw. Hochtemperaturleitungen. Wegen der unterschiedlichen, hauptsächlich durch die Wanddicken bestimmten Prüfmethoden wird die Rohrschweißnahtprüfung an dünn-

---

[1]) Bei jeder Durchstrahlungsprüfung sind die in den Normen DIN 54109 und DIN 54111 festgelegten Empfehlungen zu beachten.

und dickwandigen Rohren getrennt besprochen. Einige unabhängig von der Wanddicke geltende verfahrenstechnische Überlegungen sollen jedoch vorangestellt werden: In der oberen Hälfte des Bildes 4.2 ist die Außendurchstrahlung einer Rohrschweißnaht mit Röntgenstrahlen einer solchen mit Gammastrahlen gegenübergestellt. Die Abmessungen des Röntgen-Röhrenbehälters lassen eine unmittelbare Annäherung des Strahlenausgangspunktes an die Rohrwand nicht zu. Der Gammastrahler kann jedoch fast bis an die Rohrwand herangebracht werden. Der Röntgenstrahlenkegel ist außerdem bei den handelsüblichen zweipoligen Röhren enger ausgeblendet als der Strahlenkegel des Gammastrahlers. Dies hat zur Folge, daß man bei der Außendurchstrahlung mit Gammastrahlern etwa mit der Hälfte der Teilaufnahmen auskommen kann, die bei der Röntgendurchstrahlung erforderlich wären.

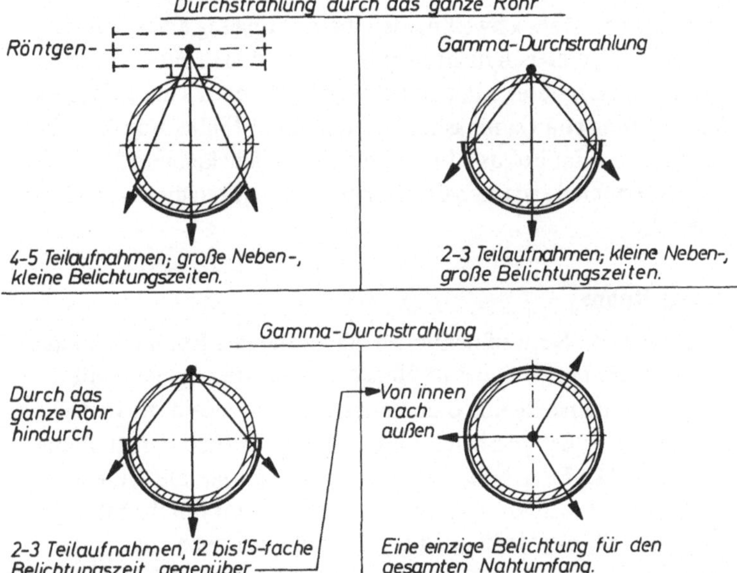

Bild 4.2. Vergleich von verschiedenen Arbeitsmethoden bei der Röntgen- und Gammadurchstrahlung.

In der unteren Hälfte von Bild 4.2 ist für die Gammatechnik die Außendurchstrahlung mit der Zentralaufnahmenmethode verglichen. Bei der Zentralaufnahme ist nur eine einzige Belichtung notwendig gegenüber mehreren Teilaufnahmen bei der Außendurchstrahlung. Es ist ferner nur die einfache Wanddicke zu durchstrahlen und nur der halbe Strahler-Filmabstand erforderlich. Die Zentralaufnahme benötigt also nur einen Bruchteil des Belichtungsaufwandes der Außendurchstrahlung. Die Verhältnisse verschieben sich zugunsten der Zentralaufnahme, je größer die Wanddicke wird.

Die radiale Strahlung bei der Zentralaufnahme erleichtert außerdem das Auffinden der Flanken-Bindefehler und der gefährlichen Querrisse in einer Schweißnaht . Eine optimale Abbildung von flächenhaften Fehlern, wie sie Bindefehler und Risse darstellen, erfolgt nur, wenn die Durchstrahlungsrichtung mit der Fehlerebene zusammenfällt. Bei der Außendurchstrahlung einer Rundnaht ist diese Bedingung für Querrisse theoretisch nur im Bereich des Zentralstrahls erfüllt.

Diese Überlegungen gelten selbstverständlich auch für die Zentralaufnahme mit Röntgenstrahlen. Der technische Aufwand, die Zugänglichkeit und die Platzverhältnisse lassen jedoch nicht immer den Einsatz von Rundstrahlröhren oder Hohlanodenröhren zu. Lediglich die Durchstrahlung von Flanschnähten und von Rohrschweißproben, z. B. bei Schweißerprüfungen, kann ohne großen Aufwand mit Hilfe der Hohlanodenröhre von innen nach außen erfolgen.

Da bei der Prüfung von Rohrschweißnähten die Anbringung eines DIN-Steges in filmferner Lage im allgemeinen nicht möglich ist, wird man entweder ganz darauf verzichten oder den DIN-Steg filmnah anbringen müssen. Es hat sich jedoch gezeigt, daß bei Verwendung von Gammastrahlern und unter Einhaltung der Abstandsbedingungen für den Film-Fokus-Abstand bis zu Wanddicken von 20 mm kein nennenswerter Unterschied zwischen der filmfernen und filmnahen Abbildung eines DIN-Steges besteht.

4.1.1.1. Dünnwandige Rohre

Die Durchstrahlung von Schweißnähten an dünnwandigen Rohren wird aus den in Abschnitt 3.4 erwähnten Gründen im Herstellerwerk vorzugsweise mit Röntgenstrahlung, auf der Baustelle mit Gammastrahlung durchgeführt. Je nach Möglichkeit wird dabei die Außendurchstrahlung oder die Zentraldurchstrahlung zur Anwendung gelangen. Die Bemaßung der Schweißnaht erfolgt mit Hilfe eines Bleiziffern-Maßbandes, welches zusammen mit der Schweißnaht durchstrahlt wird. Die Ausgangsziffer „0“ des Maßbandes stimmt mit einer neben der Naht eingeschlagenen Ziffer „0“ überein. Der Zählsinn (im allgemeinen im Uhrzeigersinn bei Blick in Strömungsrichtung) wird durch einen bei der Ziffer „0“ eingeschlagenen Pfeil markiert (vgl. Bild 4.3a). Die Nahtnummer wird ebenfalls sowohl in das Rohr eingeschlagen[1]) als auch mit Hilfe von Bleizahlen auf jeden Film mit aufbelichtet. Wenn es die örtlichen Verhältnisse erlauben, erfolgt das Einschlagen dieser Kennziffern auf der Oberseite des Rohres. Zur sicheren Erfassung der Fehler beim Öffnen und Nachschweißen fehlerhafter Nähte ist nicht nur die genaue Positionsangabe in Umfangsrichtung, sondern auch die Fehlerlage, bezogen auf den Nahtquerschnitt, wichtig. Da das Bleiziffern-Maßband auf der Seite der eingeschla-

---

[1]) Wenn aus Materialgründen das Einschlagen untersagt ist, muß die Naht in den Rohrplänen (z. B. Isometrien) eindeutig festgelegt werden.

genen Ziffer „0" angebracht wird, kann die Fehlerangabe, wie in Bild 4.3b–d schematisch dargestellt, noch durch die Zusätze „auf Maßbandseite" bzw. „in Nahtmitte" bzw. „gegenüber Maßbandseite" ergänzt werden.

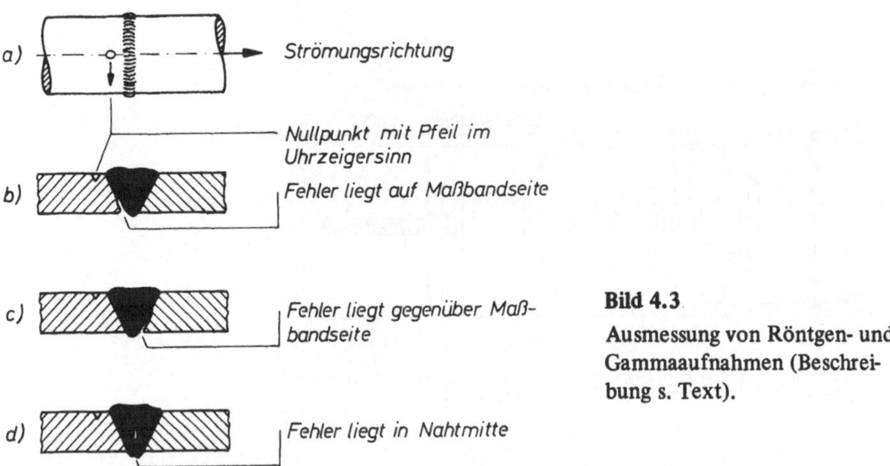

Bild 4.3
Ausmessung von Röntgen- und Gammaaufnahmen (Beschreibung s. Text).

Der überwiegende Teil der Schweißnahtprüfungen an dünnwandigen Rohren wird mit den in Abschnitt 2.1.1 und 2.2.3 beschriebenen Geräten durchgeführt. Bei der Zentraldurchstrahlung von innen nach außen werden sowohl die Gamma- als auch die Röntgengeräte mit Hilfe eines Molches durch die Rohrleitung bewegt. Der Molch kann an einem Seil durchgezogen werden oder er bewegt sich mit Hilfe eines Motors. Vielfach besteht eine derartige Molchanordnung aus einer Kombination von Einheiten (nach dem Gliederwurmprinzip).

In Bild 4.4 ist der schematische Gesamtaufbau eines Isotopenmolches wiedergegeben. Das Gerät besteht aus 4 Teilen: Dem eigentlichen Strahlungsteil im Bereich der schematisch angedeuteten Schweißnaht, dem angeflanschten Motorteil (Transportteil), dem Energieversorgungsteil (Batterien) und dem elektronischen Steuerungsteil mit 2 Zählrohren. Die Justierung des Molches erfolgt mit Hilfe eines radioaktiven Strahlers von geringer Intensität. Bis kurz vor die Naht bewegt sich der Molch mit der schnellen Transportgeschwindigkeit (ca. 25 cm/s) und fährt dann, sobald das erste Zählrohr in den Bereich des Justierstrahlers gelangt, mit der Justiergeschwindigkeit von etwa 5 cm/s weiter. Die Durchstrahlungsposition ist erreicht, wenn beide Zählrohre gleiche Strahlungsintensität empfangen, das heißt, wenn Zählrohre und Justierstrahler ein gleichseitiges Dreieck bilden. Die Genauigkeit der

Positionierung beträgt bei einem NW 600-Rohr ± 1 cm[1]). Die Belichtungszeit wird
mit Zeituhr auf einen konstanten Wert eingestellt. Die Freigabe des Strahlers bei
Beginn der Belichtung und die Abschirmung des Strahlers nach Ablauf der Belichtungszeit erfolgen automatisch. Bei Verwendung einer Röntgenröhre mit Rundabstrahlung wird die gesamte Einheit schwerer. Außerdem muß die Stromzufuhr durch
Kabel, die nachgezogen werden, erfolgen.

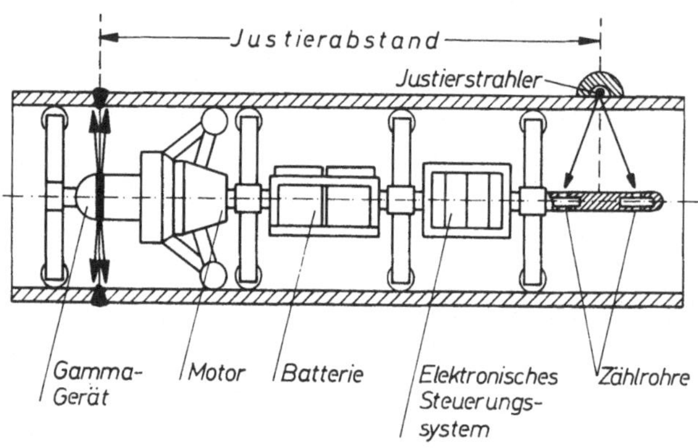

Bild 4.4. Gammamolch für die Zentraldurchstrahlung.

Ein großer Teil der dünnwandigen Rohre wird nicht nahtlos, sondern spiral-
naht- oder längsnahtgeschweißt hergestellt. Sind die Rohre für den Bau von Pipe-
lines (Transport von Erdgas und Erdöl) bestimmt, so müssen sowohl aus Gründen
der Betriebssicherheit als auch der Wirtschaftlichkeit erhöhte Güteansprüche gestellt werden. Aus diesem Grunde müssen die Längs- bzw. Spiralnähte dieser Rohre
noch im Herstellerwerk einer Prüfung unterzogen werden. Außer der automatischen
Prüfung mit Ultraschall, die hierfür immer mehr eingesetzt wird, werden die Spiral-
oder Längsnähte in vielen Fällen einer 100-prozentigen Durchleuchtungsprüfung
unterzogen (Bild 4.5a). Mit den klassischen Durchleuchtungseinrichtungen erhält
man jedoch nur bei Werkstücken aus Leichtmetall und bei sehr dünnen Stahldicken
eine Abbildung auf dem Leuchtschirm, welche genügend Einzelheiten erkennen
läßt. Mit Hilfe des Röntgenbildverstärkers (vgl. Bild 4.5b) ist die Durchleuchtung
von Stahldicken bis etwa 40 mm noch mit guter Detailerkennbarkeit möglich. Die

---

[1]) Eine weitere Justiermöglichkeit ohne Verwendung von Justierstrahlern besteht darin, daß
der Molch mit Hilfe eines Fühlers, der an der Rohrinnenwand gleitet, in Aufnahmeposition
gebracht wird. Der Fühler, der geometrisch verschiedenartig gestaltet sein kann, spricht an,
sobald die regelmäßig ebene Innenfläche des Rohres durch die Wurzel einer Schweißnaht
unterbrochen wird.

schematische Anordnung für eine Schweißnahtprüfung mit Röntgenbildverstärker ist in Bild 4.5c wiedergegeben. Der Röntgenstrahl durchdringt zunächst das Werkstück und gelangt dann auf den sphärisch gekrümmten Röntgenleuchtschirm, wo er ein Leuchtschirmbild des Prüfkörpers erzeugt. Die dem Objekt abgewandte Seite des Röntgenleuchtschirmes ist mit einer lichtempfindlichen Schicht belegt, die proportional zur Helligkeit des Röntgenschirmes Elektronen emittiert. Die Dichteverteilung der Elektronen ist der Helligkeitsverteilung auf dem Leuchtschirm proportional. Durch die Beschleunigungsspannung (Potentialunterschied zwischen Photokathode und Anode) von etwa 22 kV werden die Elektronen beschleunigt und zugleich auf den Beobachtungsleuchtschirm fokussiert. Das auf dem Beobachtungsleuchtschirm erzeugte Bild kann entweder mit einem etwa 5-fach vergrößernden Okular direkt beobachtet (Bild 4.5b) oder mit Hilfe einer Fernsehkamera auf einen oder beliebig viele Fernsehschirme (Bild 4.5d) in beliebiger Entfernung übertragen werden. Durch die Fernsehbildübertragung ist einerseits optimaler Strahlenschutz gewährleistet, andererseits können mehrere voneinander unabhängige Beobachter die Überwachung vornehmen. Für die Dokumentation können die bei der Röntgenfernsehüberwachung festgestellten Fehler mit Hilfe eines Bildbandgerätes magnetisch gespeichert und später beliebig oft wiedergegeben werden.

Die auf dem Röntgenleuchtschirm und dem Beobachtungsleuchtschirm erzeugten Helligkeiten verhalten sich etwa wie 1 : 1000. Hervorgerufen wird diese Helligkeitssteigerung durch die Flächenverkleinerung von 100 : 1 (lineare Verkleinerung 10 : 1), welche eine Helligkeitszunahme um den Faktor 100 zur Folge hat. Diese Tatsache gestattet es, die Fluoreszenzkristalle im Röntgenleuchtschirm relativ klein zu halten und somit die innere Unschärfe des Leuchtschirmbildes wesentlich zu reduzieren. Einen weiteren Helligkeitsgewinn erreicht man durch die Beschleunigung der Photoelektronen (Faktor 10), da die Intensität des im Beobachtungsleuchtschirm erzeugten Lichtes eine Funktion der Photoelektronenenergie ist.

Die Bildgüte bei Durchleuchtungsprüfung mit Röntgenbildverstärker liegt, verglichen mit der Filmtechnik, im Bereich von Bildgüteklasse II. Die Detailerkennbarkeit ist somit wesentlich besser als bei der klassischen Durchleuchtung, wo die Beurteilung lediglich auf Grund der Röntgenleuchtschirmbetrachtung erfolgt. Wird jedoch mit nachgeschalteter Fernsehbildübertragung sowie magnetischer Bildspeicherung gearbeitet, so sinkt die Bildgüte und somit der Gesamtinformationsgehalt wieder etwas ab.

Die Fehlererkennbarkeit ist von der Fehlerlage in Bezug auf die Durchstrahlungsrichtung abhängig. Auf Grund dieser Tatsache und der wahrscheinlichen Anordnung der Schweißfehler im Nahtquerschnitt kann etwa folgende Abgrenzung vorgenommen werden: Räumliche, der Kugel- oder Zylinderform angenäherte Fehlerstellen (Poren, Lunker und Schlacken) lassen sich besser mit dem Durchstrahlungsverfahren, flächenhaft ausgebildete Fehler (Risse und Bindefehler in den Nahtflanken) besser mit dem Ultraschallverfahren nachweisen.

a)
b)

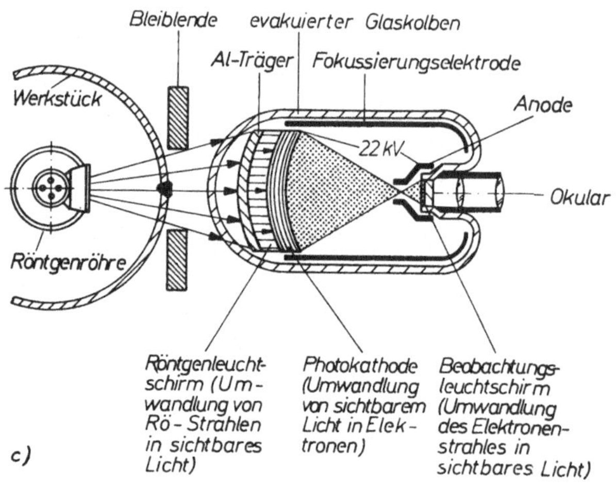

Bleiblende
evakuierter Glaskolben
Al-Träger
Fokussierungselektrode
Werkstück
Anode
22 kV
Okular
Röntgenröhre
Röntgenleucht-
schirm (Um-
wandlung von
Rö-Strahlen
in sichtbares
Licht)
Photokathode
(Umwandlung
von sichtbarem
Licht in Elek-
tronen)
Beobachtungs-
leuchtschirm
(Umwandlung
des Elektronen-
strahles in
sichtbares Licht)
c)

d)

In Bild 4.6 sind 5 charakteristische Schweißnahtfehler an dünnwandigen Rohren wiedergegeben. Daneben ist jeweils schematisch der Nahtquerschnitt mit dem im Durchstrahlungsbild festgestellten Fehler gezeichnet. Die Bilder zeigen von oben nach unten grobe Porenanhäufungen a), starke Durchbrüche in der Wurzel b), stark zurückgefallene Wurzelbereiche c), Wurzelfehler d) und einen scharfen Anriß in der Flanke e). Es ist einleuchtend, daß flächenhafte Fehler wie Wurzelfehler, Bindefehler oder Risse schon auf Grund ihrer Kerbwirkung die Betriebssicherheit mehr herabsetzen als kugelförmige Fehler wie Poren, Lunker und Schlackenreste.

Im allgemeinen wird die Prüfung bis herab zu Nennweiten von etwa NW 100 nach den in Bild 4.2 skizzierten Methoden durchgeführt (mit Isotopen bis NW 25). Bei kleineren Nennweiten wird die Naht schräg durchstrahlt (Ellipsenübersichtsaufnahme). Man projiziert die ganze Naht unter Wahrung des optimalen Abstandes F_{opt} (b = Rohraußendurchmesser!) als Ellipse auf den Röntgenfilm. Der optimale Einstrahlwinkel ist $30°$, bezogen auf die Schweißnahtebene (Bild 4.7a). In Bild 4.7b ist die Ellipsenübersichtsaufnahme eines Vorwärmerrohres mit einem scharfen Längsriß wiedergegeben. Aus dem Bild ergibt sich, daß in den Ellipsenspitzen liegende Fehler wegen der Projektionsüberschneidung nicht erkannt werden können. Aus diesem Grunde müssen bei Prüfungen, die nicht stichprobenweise (z. B. Dampfkessel), sondern 100-prozentig (z. B. Kernkraftwerk) durchzuführen sind, 2 senkrecht zueinander liegende Übersichtsaufnahmen angefertigt werden. Auf diese Weise kommen die bei Aufnahme 1 in den Ellipsenspitzen liegenden Bereiche bei Aufnahme 2 optimal zur Abbildung. Fehlerhafte Nähte an Rohren von kleinem Durchmesser werden üblicherweise durchgeschnitten und neugeschweißt. Manchmal ist dies aber nicht möglich und dem Hersteller ungelegen. Dann muß der Fehler genau lokalisiert werden. Dazu müssen die Strahlungsrichtung und die Lage der Bleikennziffern bekannt, im Prüfprotokoll vermerkt oder in Handskizzen festgehalten sein. Bei der in Bild 4.7a skizzierten Anordnung wird der filmnahe Nahtabschnitt oben, der filmferne unten auf den Röntgenfilm projiziert.

Bild 4.5.

a) Röntgenröhre im Inneren eines längsnahtgeschweißten Rohres in Aufnahmeposition für die Durchstrahlungsprüfung (C. H. F. Müller GmbH, Hamburg).

b) Röntgenbildverstärker mit aufgesetztem Okular an einer Durchleuchtungswand im strahlensicheren Beobachtungsraum (C. H. F. Müller GmbH, Hamburg).

c) Prinzip eines Röntgenbildverstärkers.

d) Röntgenbildverstärker mit nachgeschalteter Fernsehkamera an einer Durchleuchtungswand im strahlensicheren Beobachtungsraum. Bildschirm mit Testbild. (C. H. F. Müller GmbH, Hamburg).

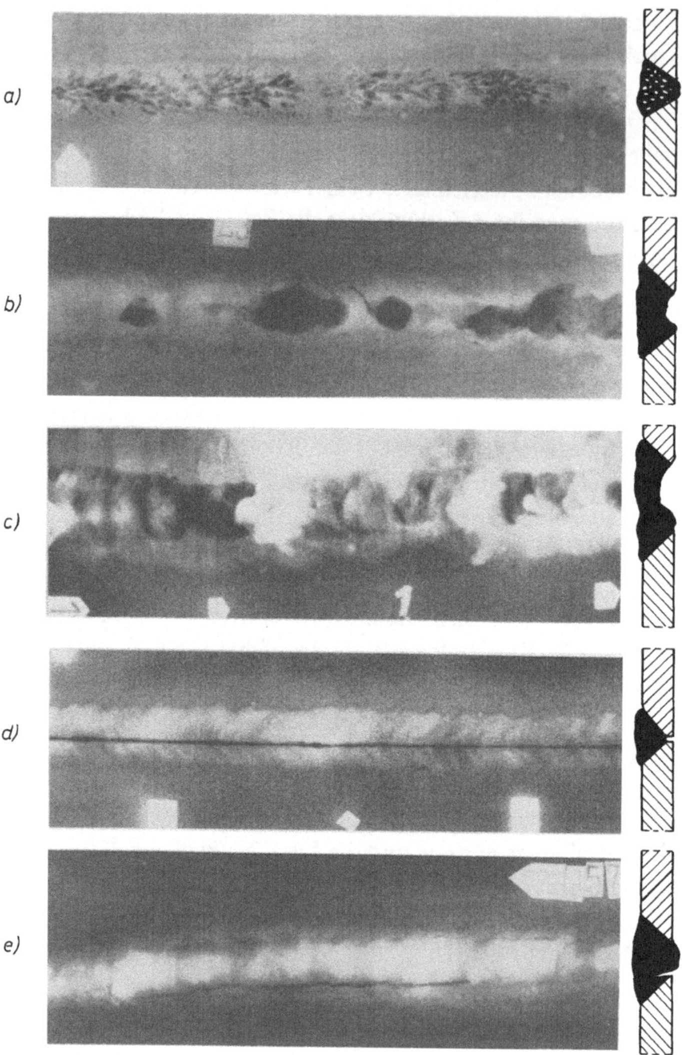

Bild 4.6. Zusammenstellung charakteristischer Schweißnahtfehler im Gammadurchstrahlungs-
bild mit schematischer Darstellung der Fehler im Querschnitt.

a) Grobe Porenanhäufung (NW 250 x 6, St 35.8, Lichtbogenschweißung)
b) Grobe Durchbrüche (NW 1000 x 12, St 35.8, Lichtbogenschweißung)
c) Grober Wurzelrückfall (NW 150 x 6, St 35.8, Lichtbogenschweißung)
d) Scharfer Wurzelfehler (NW 300 x 8, St 00, Lichtbogenschweißung)
e) Scharfer Anriß (NW 250 x 6, St 35.8, Autogenschweißung).

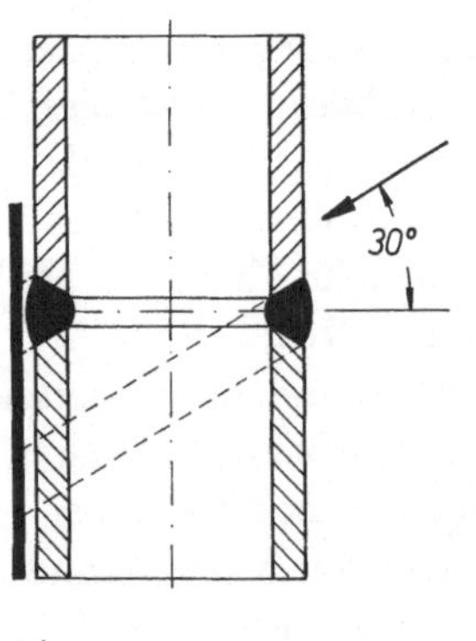

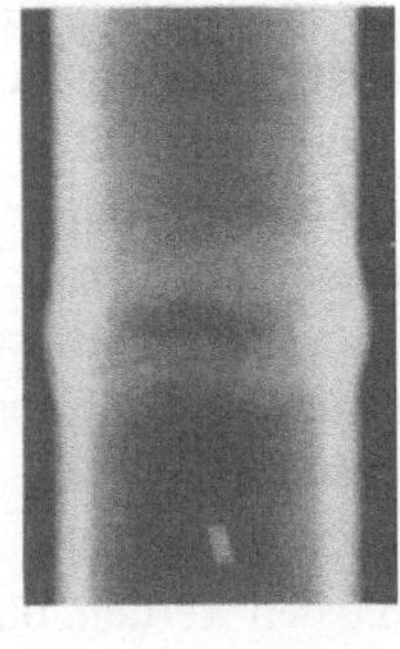

Bild 4.7

a) Schematische Darstellung der Ellipsenmethode.

b) Röntgen- Ellipsenaufnahme mit Längsriß in der Schweißnaht (38 ϕa x 4,5 mm, St 45.8, Autogenschweißung).

Häufig können mit einer Röntgenanlage schon aus Platzgründen nur Ellipsenübersichtsaufnahmen gemacht werden, z.B. an Schweißnähten in Rohrbündeln bei Rohrabmessungen zwischen NW 25 und NW 100. In diesen Fällen gibt die Praxis der Gamma-Teilaufnahmenmethode nach Bild 4.2, möglichst unter Anwendung des Doppelfilmverfahrens, den Vorzug. Bei Verwendung von Strahlergrößen 0,5/0,5 mm und 1/1 mm erzielt man in jedem Falle bis herab zu Nennweiten von 25 mm bessere Ergebnisse als mit der Röntgenübersichtsmethode. Nachteilig ist allerdings, daß je nach Wanddicke unter Umständen mehr als 2 Teilaufnahmen angefertigt werden müssen.

Muß man sich bei stichprobenweisen Ellipsenübersichtsaufnahmen zwischen Röntgen- oder Gammastrahlen entscheiden, dann soll man folgendes gegeneinander abwägen: Auf Grund der größeren Härte und des dadurch geringeren Kontrastes können die Ellipsenspitzen bei Gammaaufnahmen noch zur Beurteilung mit herangezogen werden. Bei Röntgenstrahlung sind die Ellipsenspitzen nicht beurteilbar. Außerhalb der Ellipsenspitzen ist die Bildgüte bei Anwendung von Röntgenstrahlung besser als bei Gammastrahlung.

4.1.1.2. Dickwandige Rohre

Für Hochdruck- und Hochtemperatur-Leitungen werden nahtlos gewalzte Rohre aus legierten und hochlegierten Stählen verwendet. Die Durchstrahlung von außen durch das ganze Rohr hindurch erfordert mehr als 2 Teilaufnahmen. Die seitlich starke Absorption durch die großen Rohrwanddicken bedingt bei der Gammadurchstrahlung 3 bis 4, bei der Röntgendurchstrahlung bis zu 6 Teilaufnahmen. Der Durchstrahlungsaufwand erreicht somit das Vielfache einer Zentralaufnahme, die überdies eine wesentlich bessere Bildgüte und höhere Fehlererkennbarkeit erzielt. Die Anwendung der im Abschnitt 4.1.1.1 beschriebenen Zentraldurchstrahlungsgeräte kommt wegen der bei Hochdruck-Leitungen komplizierteren Rohrführung (Vertikal- und Schrägstränge, Rohrbögen und Formstücke) kaum in Frage.

Die Zentraldurchstrahlung muß nach der sogenannten Lochmethode vorgenommen
werden: Neben der Naht wird eine Hilfsbohrung im Rohr angebracht; durch diese
Bohrung (ca. 10 mm ϕ) wird der Strahler mit Hilfe eines Gelenkstabes mit Bowdenzug in das Nahtzentrum gebracht[1]. Zum Verschließen der Hilfsbohrung nach der
Durchstrahlung werden Stutzen eingesetzt, die später im Betrieb für Thermoelemente,
als Entwässerungsanschlüsse oder dgl. verwendet werden können. Namhafte Rohr-
leitungsfirmen haben hierfür werksinterne Normen erarbeitet, wonach diese Bohrungen schon bei der Planung mitberücksichtigt werden. Die Stutzen-Einschweißung
erfährt dieselbe Glühbehandlung wie die Hauptnaht. Später kann nach Bedarf der
Stutzen geöffnet und wieder verschlossen werden, ohne daß hierdurch eine Wärme-
beeinflussung des empfindlichen Rohrmaterials befürchtet werden müßte. Damit
ist eine einfache Möglichkeit zu Kontrolluntersuchungen im Rahmen der Betriebsüberwachung gegeben.

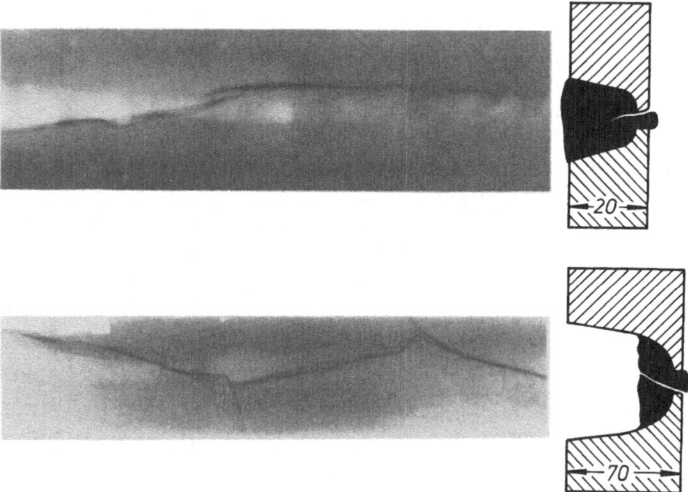

Bild 4.8. Gammabilder von gerissenen Schweißnähten an dickwandigen Rohren mit schematischer Darstellung der Fehler im Querschnitt.

Oben: Scharfer Längsriß (Rohr 320 ϕa x 20 mm, 10CrSiMoV7, Wurzel autogen, Füllagen
           elektrisch geschweißt).

Unten: Scharfe Längs- und Querrisse (Rohr 440 ϕa x 70 mm, 10CrMo910, Wurzel argon,
           Füllagen elektrisch geschweißt).

---

[1] Die Lochmethode wurde früher in großem Umfange auch bei dünnwandigen Rohren angewandt. Der einzige, jedoch schwerwiegende Nachteil dieses prüftechnisch bestechend einfachen Verfahrens bestand darin, daß die Hilfsbohrung nach der Durchstrahlung wieder zu-
geschweißt werden mußte.

Wenn nicht von vornherein Durchstrahlungsbilder als Prüfdokumente verlangt werden, bevorzugt man eine Kombination von Ultraschall- und Durchstrahlungsprüfung. Zunächst werden alle Nähte einer Ultraschallprüfung unterzogen. Nur noch die fehlerverdächtigen oder fehlerhaften Nähte werden durchstrahlt. In Bild 4.8 oben ist der Ausschnitt des Durchstrahlungsbildes (Außendurchstrahlung durch das ganze Rohr hindurch mit Ir^{192}) einer längsgerissenen Naht eines Heißdampfrohres wiedergegeben. Der von der Wurzel ausgehende Riß verläuft bis in die Fülllagen hinein.

Eine andersartige Verbindung von Durchstrahlungs- und Ultraschallprüfung ist bei Wanddicken über etwa 25 mm üblich. Prüfvorgang und Nahtfertigung werden in 2 Abschnitte unterteilt. Nach Einbringen der Wurzellage, die meist durch 2 ... 3 Füllagen verstärkt wird, erfolgt die Durchstrahlung entweder zentral oder mit eigens dafür gebauten Abschirmvorrichtungen, die den Strahler während der Belichtung in der dem Röntgenfilm gegenüberliegenden Nahtfuge fixieren. Ist die Wurzel in Ordnung, so kann die Naht zum Vollschweißen freigegeben werden. Die Vollnaht wird nur noch beschallt. Bei dieser Methode sind also verhältnismäßig kleine Wanddicken zu durchstrahlen, so daß sich die Belichtungszeiten in wirtschaftlich vertretbaren Grenzen bewegen. Zudem ist die Fehlererkennbarkeit, bezogen auf den erfahrungsgemäß fehleranfälligsten Wurzelbereich, wesentlich besser als bei der Vollnahtdurchstrahlung. Sind die Wurzel- und die ersten Füllagen fehlerfrei, dann treten bei sorgfältiger Arbeit im restlichen Nahtvolumen kaum noch Fehler auf. Für den Hersteller ist diese Methode der Wurzelvorprüfung insofern von Vorteil, als etwa erforderliche Ausbesserungen zu diesem Zeitpunkt schneller und bequemer ausgeführt werden können als nach Vollschweißen des gesamten Nahtquerschnittes. Bild 4.8 unten zeigt den Ausschnitt einer Wurzeldurchstrahlungsaufnahme (Zentralstrahlverfahren mit Ir^{192}) der Naht einer Heißdampfleitung mit einer Wurzeldicke von etwa 25 mm (endgültige Wanddicke 70 mm). Wie auf dem Bild zu erkennen, ist das eingebrachte Wurzelvolumen längs und quer gerissen.

Gelegentlich ergibt sich die Notwendigkeit, Schweißnähte noch in heißem Zustand zu durchstrahlen. Die Erfahrung hat gezeigt, daß mit einer wärmedämmenden, nur schwach absorbierenden Zwischenlage bis zu Rohr-Oberflächentemperaturen von 120 ... 130 °C Aufnahmen angefertigt werden können. Vorbedingung ist jedoch eine starke Strahlenquelle, damit die Belichtungszeit die Größenordnung von etwa 1 Minute nicht überschreitet. Als wärmedämmende Zwischenlage eignet sich Asbestgewebe. Von der Verwendung von Asbestplatten ist abzuraten, da die Platten schon bei geringster Biegung brechen. Wegen ihrer filmnahen Lage kommen solche Asbestrisse auch bei großer Rohrwanddicke und bei Anwendung von Gammastrahlen noch so gut zur Abbildung, daß sie Risse in der Schweißnaht oder im Rohrmaterial vortäuschen können. Sollte kein feines Asbestgewebe zur Verfügung stehen, so empfiehlt es sich, mehrere Lagen trockenen Zeitungspapiers zu verwenden.

Abschließend soll noch eine für die Gamma-Zentraldurchstrahlung dickwandiger Rohrleitungen wichtige Betrachtung durchgeführt werden. Nach Gleichung (3.8) erhält man mit einem Wert von 0,2 für die innere Unschärfe u_i je nach Größe des radioaktiven Strahlers folgende Werte für den Mindestabstand zwischen Film und Fokus:

$$\text{Bei Ir}^{192} \text{ von } 0{,}5/0{,}5 \text{ mm} : F_{opt} = 3{,}5 \times b \qquad (4.1)$$

$$\text{Bei Ir}^{192} \text{ von } 1/1 \text{ mm} : F_{opt} = 6 \times b \qquad (4.2)$$

$$\text{Bei Ir}^{192} \text{ von } 2/2 \text{ mm} : F_{opt} = 11 \times b \qquad (4.3)$$

Wird mit einem 1/1 mm-Strahler ein normalwandiges Rohr von 200 mm ϕ_i und 6 mm Wand zentral durchstrahlt, dann ist $F_{opt} = 6 \times b = 6 \times 6 = 36$ mm (b = Wanddicke). Der wirkliche Abstand ist $F = \dfrac{200}{2} + 6 = 106$ mm; F_{opt} ist also nicht unterschritten. Soll jedoch die Naht einer Heißdampfleitung mit demselben Innendurchmesser von 200 mm, aber einer Wanddicke von 35 mm durchstrahlt werden, so ergibt sich bei Verwendung eines 1/1 mm Strahlers $F_{opt} = 6 \times b = 6 \times 35 = 210$ mm. Der wirkliche Abstand ist nur $F = \dfrac{200}{2} + 35 = 135$ mm. Steht kein Strahler von kleinerer Abmessung zur Verfügung, dann bietet die exzentrische Aufnahme einen Ausweg, wobei 2 . . . 3 Teilaufnahmen notwendig sind. Der Vorteil gegenüber der Außendurchstrahlung besteht dann lediglich in der Durchstrahlung der *einfachen* Rohrwanddicke. Der Film-Fokus-Abstand für die exzentrische Aufnahme beträgt ungefähr F = 200 + 35 = 235 mm, also etwas mehr als der geforderte Abstand von 210 mm. Eine schematische Darstellung dieser Beispiele ist in Bild 4.9 wiedergegeben.

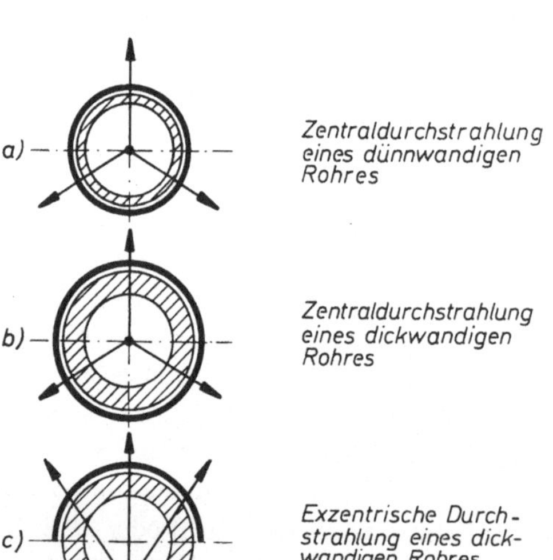

Bild 4.9

Einfluß der Wanddicke bei konstantem Innendurchmesser auf den optimalen Film-Fokus-Abstand (Beschreibung s. Text).

Bei einer Strahlergröße von 0,5/0,5 mm würde sich – bei einem zur Verfügung
stehenden Gesamtabstand von 135 mm – in unserem Beispiel $F_{opt} = 3,5 \times b =$
$3,5 \times 35 = 122,5$ mm ergeben. Bleibt man bei Zentralaufnahmen mit einem 1/1 mm-
Strahler, dann muß Klarheit darüber bestehen, welche Wanddickenbereiche optimal
und welche weniger scharf abgebildet werden. Aus der Bedingung für den optimalen
Abstand bei einer Strahlergröße von 1/1 mm (Gleichung (4.2)) und Einsetzen des
wirklichen Film-Fokus-Abstandes F ergibt sich:

$$b = \frac{F}{6} = \frac{135}{6} \text{ mm} = 22,5 \text{ mm} \tag{4.4}$$

Da die Größe b immer vom Röntgenfilm in Richtung Strahlenquelle (vgl.
Bild 3.4) gerechnet wird, bedeutet dies, daß von der 35 mm dicken Naht nur die
äußeren zwei Drittel mit einer Dicke von 22,5 mm optimal abgebildet werden. Das
innere Drittel mit einer Dicke von 12,5 mm, also gerade das kritische Wurzelvolumen
mit den ersten Füllagen, fällt somit nicht mehr in den optimalen Abbildungsbereich.

4.1.2. Schweißverbindungen an ebenen Blechen und Behältern

Bei Verbindungsnähten zwischen ebenen Platten (z. B. Brückenbau und Schiffbau) oder bei Längsnähten von Rohren und Behältern oder bei Rundnähten an Behältern großer Durchmesser wird man versuchen, mit 1 Aufnahme einen möglichst
großen Nahtbereich zu erfassen. Als Filmformate kommen 6 bzw. 10 cm breite
Filme in den Normlängen von 48 und 72 cm in Frage. Zweckmäßigerweise werden
solche Arbeiten nicht mit Gammastrahlern, sondern mit der Röntgenanlage durchgeführt (kürzere Belichtungszeiten und größere Bildgüte). Für Rundbehälter, z. B.
Öltanks und Lagerbehälter aller Art bei Durchmessern bis zu etwa 2 m, kann zur
Durchstrahlung der Rundnähte eine Rundstrahlröhre eingesetzt werden (Zentral-
strahlmethode).

Mit der üblichen Aufnahmeanordnung bei einem Film-Fokus-Abstand von
70 cm (auf FA = 70 cm sind die Röntgenbelichtungstabellen abgestimmt, vgl. Bild
3.8a) und einer Brennfleckgröße von 2×2 mm² wird der optimale Film-Fokus-Abstand F_{opt} nie unterschritten (theoretisch könnte mit einem FA = 70 cm eine Wanddicke von 64 mm durchstrahlt werden).

Bei der Auswertung der Filme ist zu beachten, daß in der Nähe der Film-Enden
eine Bildverzerrung infolge Schrägdurchstrahlung eintritt. Sie wächst mit der Entfernung vom Zentralstrahl. In gleichem Maße wächst die durchstrahlte Wanddicke.
Als Grenze der Auswertbarkeit gilt der Punkt, an dem eine um 10 % höhere Wanddicke als im Bereich des Zentralstrahls durchstrahlt wird. Dies ergibt bei Durchstrahlung ebener Platten und bei einem Film-Fokus-Abstand von 70 cm eine auswertbare
Abbildungslänge von 31 cm in beiden Richtungen der Schweißnaht (gemessen vom
Auftreffpunkt des Zentralstrahls). Bei einer Filmüberlappung von beiderseits 5 cm

können somit die längsten genormten Filmlängen von 72 cm gerade noch verwendet werden. Bei einem Film-Fokus-Abstand von 50 cm erhält man eine auswertbare Abbildungslänge von 20 cm in beiden Richtungen, also insgesamt 40 cm Schweißnaht. Bei einer beiderseitigen Filmüberlappung von 4 cm können hierfür Filme mit einer Normlänge von 48 cm verwendet werden. Dieser Einfluß fällt weniger ins Gewicht, wenn der Prüfkörper in Richtung zur Röhre konkav gekrümmt ist (Durchstrahlung von Rundnähten durch den ganzen Behälter hindurch; der Film liegt an der dem Röntgen-Röhrenbehälter gegenüberliegenden Außenwand). Er tritt noch stärker in Erscheinung, wenn konvexe Krümmung vorliegt (Rundnahtdurchstrahlung von außen nach innen; der Film liegt an der dem Röntgen-Röhrenbehälter zugewandten Innenwand).

Eine weitere Beschränkung der Abbildungslänge ist durch die vorgeschriebene Filmschwärzung (vgl. Abschnitt 3.3.2) und durch die Ausblendung des Strahlenkegels durch das Strahlenschutzgehäuse gegeben. Im ganzen auswertbaren Bereich muß die vorgeschriebene Mindestschwärzung erreicht sein. Deshalb werden vielfach auch bei einem Film-Fokus-Abstand von 70 cm nur Filmlängen von 48 cm verwendet.

4.1.3. Schweißverbindungen an Druckbehältern

Im Gegensatz zu den in Abschnitt 4.1.2 einzureihenden Prüfobjekten, bei welchen meist nur stichprobenweise durchstrahlt wird, müssen an Druckbehältern alle Schweißverbindungen geprüft werden. Zentrifugen, Autoklaven, Hochdruck- und Hochtemperatur-Reaktionsbehälter sowie Kugelgasbehälter sind Prüfobjekte, die noch mit konventionellen Röntgengeräten durchstrahlt werden können. Die Wanddicken erreichen maximal etwa 50 mm. Bezüglich der Aufnahmetechnik gelten auch hier die in Abschnitt 4.1.2 erwähnten Punkte. Bei Durchstrahlung unterschiedlicher Objektdicken (vgl. Bild 4.10a), an schwer zugänglichen Stellen oder bei der Einzelprüfung dickwandiger Objekte bis etwa 100 mm Dicke werden gelegentlich auch Gammastrahler eingesetzt. Bei vertretbaren Belichtungszeiten und Strahlerabmessungen gilt etwa folgende Abgrenzung: Ir^{192} bis etwa 50 mm, Co^{60} bis etwa 100 mm Stahl. Als Beispiele aus der Praxis sind in Bild 4.10 die Ausschnitte von Gamma- und Röntgenaufnahmen wiedergegeben. Bild 4.10a zeigt die Gammaaufnahme einer Zentrifugentrommel mit einem Längsriß. Auf Grund der kontrastausgleichenden Wirkung der Gammastrahlen ist sowohl das weitmaschige als auch das engmaschige Drahtgitter der Siebe im Inneren der Zentrifugentrommel noch sehr gut abgebildet. Bild 4.10b zeigt die Gammaaufnahme der Längsnaht eines Druckautoklaven mit 2 Querrissen, die vom Muttermaterial durch die Schweißnaht hindurchgehen. In Bild 4.10c ist der Bildausschnitt einer Röntgenaufnahme an einer längsgerissenen Rundnaht eines Kugelgasbehälters wiedergegeben.

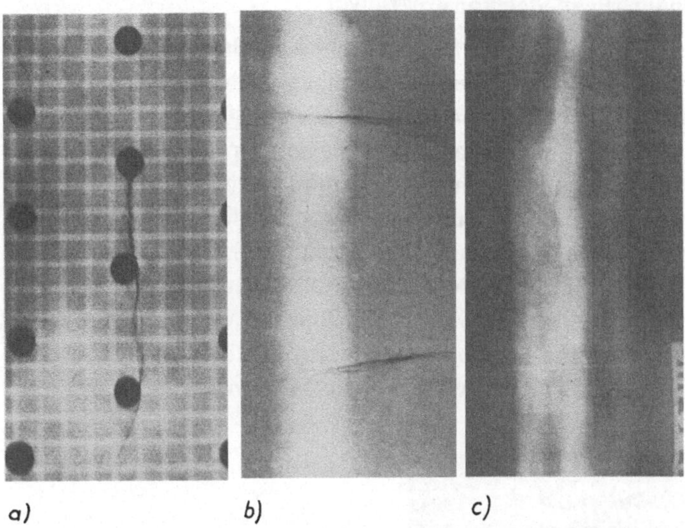

a)   b)   c)

Bild 4.10. Beispiele von Durchstrahlungsbildern an Druckbehältern.

a) Gammaaufnahme an einer Zentrifugentrommel mit Längsriß (1250 ϕ x 14 mm, Flußeisen Baujahr 1935)

b) Gammaaufnahme der Längsnaht an einem Autoklav mit Querrissen (1850 ϕ x 21 mm, MI)

c) Röntgenaufnahme einer Rundnaht (Zopfnaht) eines Kugelgasbehälters (21000 ϕ x 30 mm, BH36S, elektrisch geschweißt)

Für die Durchstrahlung von Wanddicken über etwa 100 mm reichen die Quantenenergien der zur Verfügung stehenden Gammastrahler nicht mehr aus. Die z.B. bei Reaktordruckbehältern zu durchstrahlenden Wanddicken betragen bis zu 270 mm Stahl. Aus diesem Grunde werden dort die Durchstrahlungsprüfungen mit Betatrongeräten oder Linearbeschleunigern durchgeführt. Die Prüfungen erfolgen mit ortsfesten Anlagen in den strahlenschutzmäßig dafür eingerichteten Durchstrahlungshallen der Herstellerwerke. Außer der Normalabbildung auf dem Röntgenfilm im Maßstab 1 : 1 wird mit Vorteil vor allem bei Fehlerverdacht die Methode der Durchstrahlungsvergrößerung angewendet. Die Filmkassette wird nicht unmittelbar hinter dem Prüfobjekt, sondern in einem solchen Abstand vom Prüfobjekt entfernt angebracht, daß die durchstrahlten Bereiche etwa 2,5-fach vergrößert[1]) auf dem Röntgenfilm abgebildet werden. Da die innere Unschärfe unverändert bleibt, wird die Auflösung durch die Vergrößerung verbessert. Wegen der kleinen Brennfleckgrößen und relativ großen Film-Fokus-Abstände kann die Zunahme der geometrischen Unschärfe (vgl. Bild 3.4) vernachlässigt werden.

---

[1]) Wegen des bei höheren Energien wieder zunehmenden Kontrastes können mit dem Betatron 4-fach vergrößerte Durchstrahlungsaufnahmen hergestellt werden.

4.1.4. Schweißverbindungen an Stahlkonstruktionen

In den dreißiger Jahren erlebte die Schweißtechnik im Brückenbau eine ausgesprochene Blütezeit, vor allem durch den Baubeginn der Autobahnen. Eine Vielfalt von Stahlkonstruktionen, das bei manchen Herstellern erst zögernde Herantasten an die neue Bauweise und der Übergang auf Baustähle höherer Festigkeit waren kennzeichnend für diese Periode. Die Fehlerskala der Prüfergebnisse reichte von Wurzelfehlern, die im Röntgenbild hell statt dunkel erschienen (die offenen, unverschweißten Wurzelspalte waren mit Bleimennige zugestrichen), über eingelegte Schweißdrähte in nur oberflächlich überschweißten Nahtfugen bis zu den bekannten Schäden an Brückentragwerken aus Stahl St52. Ohne den verhütenden, richtungsweisenden und bestätigenden Einfluß der zerstörungsfreien Prüfungen wäre der Aufschwung der Schweißtechnik in dieser Zeit nicht denkbar gewesen.

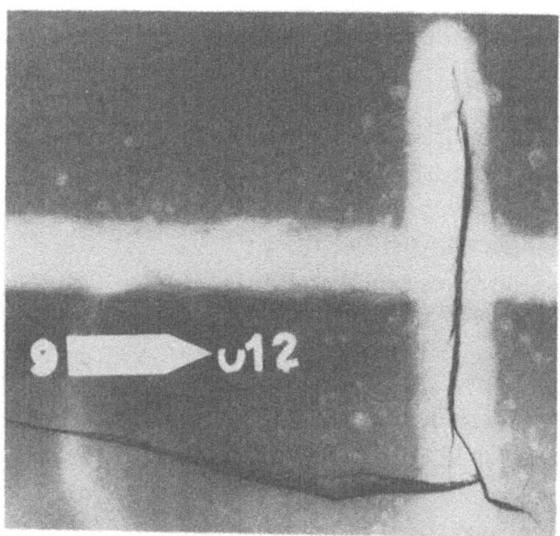

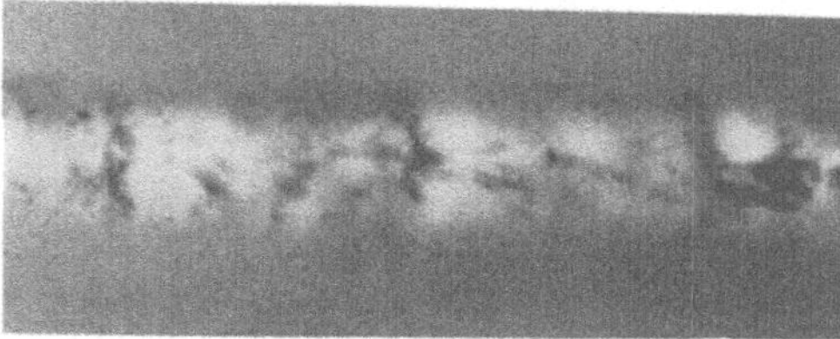

Bild 4.11

Beispiele von Durchstrahlungsbildern an Stahlkonstruktionen.

oben   Scharfe Rißbildung im Mutterwerkstoff parallel zur Längsnaht und in der Reparaturschweißung quer zur Längsnaht des Vollwandträgers einer Kastenträgerbrücke (Röntgenaufnahme, Wanddicke 18 mm, Material St 37.12, elektrisch geschweißt).

unten   Völlig verschlackte und poröse Stegblechnaht einer Kastenträgerbrücke (Gammaaufnahme, Wanddicke 10 mm, Material MRSt37-2, elektrisch geschweißt)

Heute herrscht die Spannbetonbauweise vor. Geschweißte Konstruktionen sind im Brückenbau seltener geworden. Man ist überdies bestrebt, die Schweißarbeiten nach Möglichkeit in die Werkstatt zu verlegen, ganze Bauelemente dort vorzufertigen und auch dort zu prüfen. Montagestöße werden genietet, nur gelegentlich noch geschweißt. Die Prüfbestimmungen sind streng, da mit schwingenden oder stoßweisen Beanspruchungen gerechnet wird. Im Zugbereich liegende Schweißnähte werden ganz durchstrahlt. In neutralen oder im Druckbereich liegenden Zonen wird wenigstens stichprobenweise geprüft. Die endgültige Festlegung des Prüfumfangs richtet sich dann nach dem Ergebnis dieser Stichproben. Aus Prüfungen der letzten Jahre stammt Bild 4.11. Es zeigt unten den Ausschnitt aus einer völlig mit Lunkern und Poren durchsetzten Schweißnaht („Krähenfüße"), oben den Ausschnitt aus Schweißungen an einem Kastenträger mit groben Rißbildungen im Schweißgut und im Mutterwerkstoff.

Auch im Stahlhochbau wird geschweißt (Stahlskelett-Konstruktionen). Dort handelt es sich vorwiegend um „ruhende" Belastungen, so daß die Maßstäbe weniger streng als im Brückenbau sind. Durchstrahlbare Stumpfnähte kommen nicht so häufig vor wie Kehlnähte, die nur stichprobenweise und meist mit dem Ultraschall- oder mit Oberflächenprüfverfahren (Magnetpulverprüfung oder Farb-Eindringverfahren) untersucht werden.

Bezüglich der Aufnahmetechnik bei Stahlkonstruktionen sind die in Abschnitt 4.1.2 schon erwähnten Punkte gültig.

4.2. Durchstrahlung von Gußteilen und Schmiedestücken

Wanddicken und Formgebung sind auf keinem Gebiet so mannigfaltig und unterschiedlich wie bei Gußteilen (Stahl- und Grauguß) und bei Schmiedestücken. Deshalb findet man hier alle Verfahren der zerstörungsfreien Prüfung vertreten. Die Durchstrahlung geschieht mit Röntgen-, Gamma- und Hochvoltgeräten. Der Anwendungsbereich erstreckt sich von der Massenprüfung an Präzisionskleinteilen (z. B. Wachsguß) über die Untersuchung von Ketten, Kranhaken, Absperrschiebern und Peltonrädern bis zur Kontrolle von Großturbinengehäusen. Mit zunehmenden Wanddicken kann man eine entsprechende Skala für die verwendeten Strahlungsenergien aufstellen, nämlich Röntgendurchstrahlung, Prüfung mit Ir^{192}, mit Co^{60} und mit Hochvoltgeräten. Bei sehr dickwandigen, rotationssymmetrischen Teilen wird zur Wanddickenkontrolle (Kernversatz) und zum Nachweis von Lunkern und porösen Zonen mit Vorteil das Zählrohrverfahren eingesetzt.

Vorsicht ist geboten bei der Röntgendurchstrahlung von grobkristallinem, hochlegiertem Schleuderguß. Hier können Laue-Reflexe grobstrukurelle Fehler vortäuschen. Bei der Gammadurchstrahlung wird diese Erscheinung vermieden. Bei Schmiedestücken treten selten Hohlräume, eher flächenhafte, im Durchstrahlungsbild schwer nachweisbare Fehler auf. Deshalb gewinnt hier die Ultraschallprüfung an Bedeutung gegenüber der Durchstrahlung.

Zwei Prüfbeispiele aus der Praxis zeigt Bild 4.12. Die Teilbilder links betreffen die gleichen Objekte, einmal mit Röntgenstrahlung (links unten 170 kV, 0,5 mm Sn-Vorfilter) und einmal mit Ir^{192}-Strahlung (links oben) aufgenommen. Die Fehler im 7 mm dicken Bund der Stahlgußzahnrädchen kommen in beiden Aufnahmen zur Abbildung. Es ist jedoch deutlich zu erkennen, daß die Röntgenaufnahme trotz Schwermetallvorfilterung einen geringeren Informationsgehalt besitzt als die kontrastärmere Gammaaufnahme. Bild 4.12 rechts gibt den Ausschnitt einer Aufnahme (Ir^{192}, Zentraldurchstrahlung) an einem Stahlgußschieber wieder. Das Bild zeigt ausgedehnte, zum Teil verästelte Schrumpfrisse.

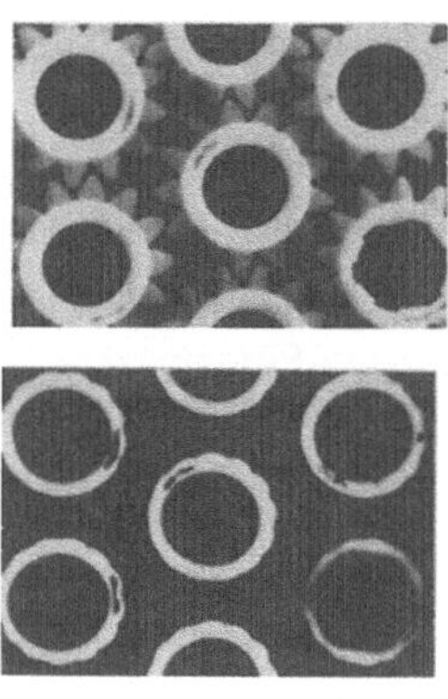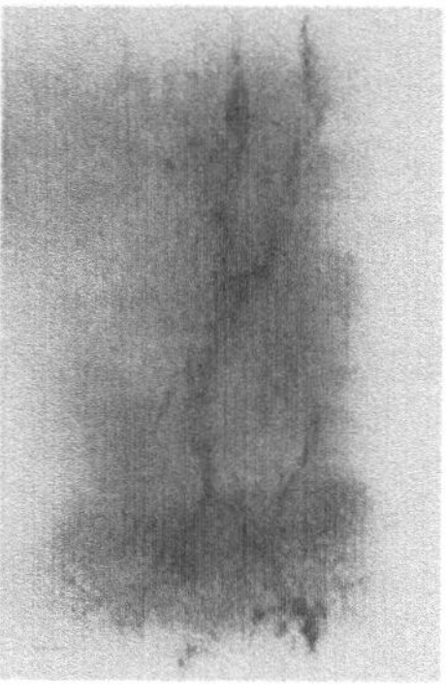

Bild 4.12

Beispiele von Durchstrahlungsbildern an Guß.

Links: Stahlgußzahnräder mit Lunkerbildung im Bund (oben: Gammaaufnahme, unten: Röntgenaufnahme).

Rechts: Stahlgußschieber mit Rißbildung (Gammaaufnahme, NW 250, GXCrMo17)

4.3. Durchstrahlung von Nietverbindungen

Die Prüfung von Nietverbindungen erfolgt im allgemeinen nur im Rahmen von Revisionen nach einer bestimmten Betriebsstundenzahl oder in Verbindung mit Schadenuntersuchungen an Dampflokomobilen, Kugelgasbehältern, Kesseltrommeln, Drehrohröfen, Brücken und Hochbaukonstruktionen. Werden bei stichprobenweiser Prüfung bedenkliche Stellen gefunden, so wird die Prüfung ausgedehnt, unter Umständen bis zu 100 %. Bild 4.13 zeigt die Gammaaufnahme (Ir^{192}) der Nietverbindung

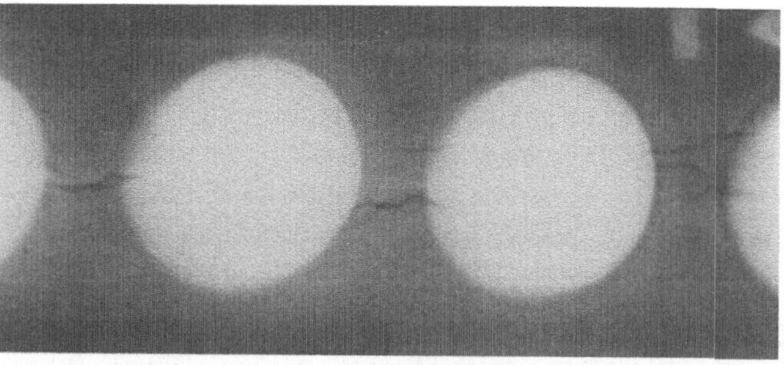

Bild 4.13. Gammabild einer Nietverbindung mit Rißbildungen.

einer Kesseltrommel mit Stegrissen. Die Stegrisse laufen unter den Nietköpfen bis
an die Bohrungen heran. Die Gammaaufnahme ist hier wegen des Kontrastausgleichs
eindeutig im Vorteil gegenüber der Röntgenaufnahme. Würden diese Aufnahmen mit
der Röntgenanlage angefertigt, so wären die Bereiche unter den Nietköpfen nicht
mehr beurteilbar.

4.4. Weitere Durchstrahlungsbeispiele

4.4.1. Nichteisenmetalle

In größerem Umfang als man gemeinhin vermutet, kommt die Durchstrahlungsprüfung bei Nichteisenmetallen zur Anwendung. Im Rohrleitungsbau werden je nach
den Betriebsbedingungen Werkstoffe wie Aluminium, Kupfer und Nickel verwendet.
Die Prüfung der Verbindungsnähte erfolgt von Stichproben bis zu 100 % (z. B. im
Reaktorbau). Für die Prüftechnik gelten im allgemeinen die in den Abschnitten
4.1.1.1 und 4.1.1.2 besprochenen Punkte.

Leichtmetallkolben bis zu 400 mm ϕ werden serienmäßig durchstrahlt, meist
zentral und mit Ir^{192}. Der Prüfumfang schwankt ebenfalls zwischen Stichproben und
100 % (z. B. für Rennwagen). Die Durchstrahlung von Wankelkolben erfolgt axial
mit Röntgenstrahlen. Das gleiche gilt für die komplizierten Leichtmetallgußteile, die
Bestandteile der automatischen Kfz-Schaltungen sind.

Mehr noch als bei hochlegiertem, grobkristallinem Stahlguß muß man bei der
Röntgendurchstrahlung von Leichtmetallen mit Laue-Reflexen rechnen, die das
grobstrukturelle Schattenbild mit einer Vielzahl von statistisch regellos verteilten
Flecken überlagern und leicht zu Fehlinterpretationen verleiten können. Man kann
dies vermeiden, indem man in den Strahlengang zwischen Objekt und Film eine
etwa 0,5 mm dicke Zinnfolie einbringt. Allerdings muß man dafür einen Kontrastverlust infolge der Strahlenaufhärtung in Kauf nehmen.

In der Luftfahrttechnik gibt es für jeden Flugzeugtyp eigene Revisionsvor-
schriften, in welchen die Bereiche festgelegt sind, die nach einer bestimmten Flug-
stundenzahl durchstrahlt werden müssen. Da im Flugzeugbau nur genietet wird, konzentriert sich die Überwachung auf das Auffinden von Ermüdungsrissen zwischen
den einzelnen Nietverbindungen oder in Bereichen, die während des Fluges oder der
Start- bzw. Landephase einer starken Wechselbelastung ausgesetzt sind. Fast durch-
weg — vor allem bei der Prüfung der stark beanspruchten Teile im Tragflächenbe-
reich und am Übergang zum Rumpf — erfolgt die Durchstrahlung von außen nach
innen.

Die in der Raumfahrttechnik hauptsächlich verwendeten Werkstoffe sind
Aluminium, Titan und nichtrostender Stahl. Umfangreiche Sicherheitsvorkehrungen
sehen eine 2-malige Durchstrahlungsprüfung aller geschweißten Teile der Trägerrake-

ten und des Raumfahrzeuges vor. Grundsätzlich werden die Schweißnähte – gleich-
gültig um welches Teil es sich handelt – erstmals nach der Fertigstellung durchstrahlt.
Daran anschließend erfolgt eine der späteren Betriebsbeanspruchung entsprechende
Dauerprüfung, der eine zweite röntgenographische Prüfung nachgeschaltet ist. Bild
4.14 zeigt eine Kurzanodenröhre in Aufnahmeposition am Gehäuse einer Apollo-
Raumfahrtkapsel. Die Aufnahmetechniken und Methoden – dem jeweiligen Problem ohne Rücksicht auf Kosten optimal angepaßt – sind entsprechend der schnellen
technischen Weiterentwicklung nicht standardisierbar. Mehr als auf irgend einem
anderen technischen Gebiet gilt der Grundsatz, daß die heute gewonnenen Erkennt-
nisse morgen schon wieder überholt sein können.

Bild 4.14. Kurzanodenröntgenröhre für 150 kV, konstante Gleichspannung, in Aufnahmestellung an einer Apollo-Raumkapsel (Rich. Seifert & Co, Hamburg).

Die größten aus Nichteisenmetallen hergestellten Objekte im Schiffbau sind
Schiffsschrauben, für deren Prüfung die in Abschnitt 4.2 erwähnten Punkte gültig
sind. Des weiteren werden auch im Schiffbau z. Tl. Leitungsgruppen aus Nichteisenmetallen verlegt, deren Verbindungsschweißnähte geprüft werden müssen. Kolben
für Schiffdieselmotoren werden schon vor der Bearbeitung durchstrahlt. Auf diese
Weise können Teile mit Gußfehlern ausgeschieden und Bearbeitungskosten einge-
spart werden.

Als Sondergebiet ist die Durchstrahlung von Lagerschalen aus Blei-Bronze
(Legierung aus Cu-Zn-Sn-Pb) für Großmotoren oder Generatoren zu nennen. Bei
genügend großem Innendurchmesser werden die Lagerschalen nach der Zentralstrahl-
methode geprüft (Hohlanodenröhre oder Ir^{192}). Bei kleineren Durchmessern werden
die Lagerschalen auf mit Blei belegte und mit Röntgenfilmen bestückte Walzen ge-

schoben (vgl. Bild 4.15) und dann mit Hilfe einer Bleispaltblende sektorenweise durchstrahlt. Spezialgeräte für die Serienprüfung·von Lagerschalen arbeiten vollautomatisch und können mit mehreren Walzen beladen werden. Nach Ablauf einer Teilaufnahme (üblicherweise werden 6 Aufnahmen je Umfang angefertigt) wird die Walze automatisch um 60° gedreht und der nächste Sektor durchstrahlt. Bei entsprechend schmaler Spaltgröße in der Bleiblende kann diese Prüfung auch kontinuierlich vorgenommen werden. In diesem Falle dreht sich die Walze — der erforderlichen Belichtungszeit entsprechend langsam — einmal um 360°. Aus Kostenersparnisgründen wird ein großer Teil dieser Prüfungen nicht mehr mit Röntgenfilm, sondern mit Röntgenpapier durchgeführt. Risse, Lunker, Poren, Schlackeneinschlüsse und Seigerungen lassen sich im allgemeinen mit Hilfe der Durchstrahlung feststellen. Die Fehler können aber — wegen des Werkstoffverbundes — andersartig erscheinen, als man es sonst gewohnt ist. Risse in der Stahlstützschale z. B. erscheinen hell, wenn sie mit Lagermetall (Pb-Bronze) ausgefüllt sind. Entmischungen im Lagermetall, die durch Bleiinseln hervorgerufen werden, zeigen sich als mehr oder weniger große weiße Punkte und Flecken. Mit Hilfe der Durchstrahlungsprüfung nicht nachzuweisen sind jedoch Bindefehler zwischen Stahlstützschale und Lagermetall. Die Ultraschallprüfung bietet sich hierfür als schnelle und sichere Prüfmethode an.

Bild 4.15

Spezialgerät für die serienmäßige Prüfung von Lagerschalen durch Röntgenaufnahmen (Unten die Röntgenröhre, darauf aufgesetzt ein Bleitrichter für den nötigen Strahlenschutz und oben die mit Blei belegten Walzen). (Rich. Seifert & Co, Hamburg).

Die Durchstrahlung von hoch radioaktiven Brennstoffelementen im Zuge der Betriebsüberwachung von Reaktoren erfolgt ähnlich wie die Lagerschalenprüfung mit Hilfe der Blendenmethode. Ein Brennstoffelement besteht im allgemeinen aus einer Uranverbindung (Kernbrennstoff) in Stabform und einer diesen Stab nach außen hin völlig abdichtenden Metallhülse (z. B. Magnesiumlegierung), die mit dem Kernbrennstoff überall in enger Verbindung sein muß. Ist die Berührung an einer Stelle unterbrochen, so kann im Betrieb die bei der Kernumwandlung auftretende Wärme nicht mehr genügend abgeführt werden. Es entstehen Aufschmelzungen, die Umhüllung kann undicht werden und die Spaltprodukte gelangen in das Kühlmedium. Die Feststellung geometrischer Veränderungen, vor allem der Trennstellen von Hülse und Kernbrennstoff, muß vor Eintreten eines Schadens erfolgen. Im Gegensatz zur Lagerschalenprüfung befindet sich bei der Brennstoffelementdurchstrahlung die Bleiblende zwischen Objekt und Röntgenfilm, um eine unerwünschte Vorbelichtung durch die vom Objekt ausgehende Gammastrahlung zu verhüten. Röntgenröhre und Bleiblende bzw. Blendenspalt sind genau aufeinander ausgerichtet. Das Brennstoffelement und der Röntgenfilm (beide auf einen durch Schienen geführten Belichtungswagen montiert) bewegen sich nun bei eingeschalteter Röntgenröhre kontinuierlich am Spalt vorbei. Zur Beurteilung können nur die tangential durchstrahlten Bereiche herangezogen werden. Daher müssen von jedem Brennstoffelement mindestens 2 Aufnahmen aus 2 senkrecht zueinander stehenden Richtungen angefertigt werden.

4.4.2. Kunststoffe, Gummi, Keramik und Beton

Bei Betriebstemperaturen unter 50 ... 60 °C und nicht allzuhohen Drücken werden in steigendem Maße Kunststoffrohre zur Verlegung von Leitungen verwendet. Die Leitungen sind sowohl gegen innere als auch gegen äußere Korrosionseinflüsse resistent. Wegen der geringen Strahlenabsorption von Kunststoff kommt die Anwendung von Gammastrahlen für die Kunststoffprüfung nicht in Betracht. Nur weiche Röntgenstrahlung (je nach Wanddicke zwischen 80 und 100 kV) ergibt gute Durchstrahlungsbilder. Bei der Weich-Polyäthylen-Muffenschweißung (z. B. für Sauerstoffleitungen) treten Bindefehler auf, die gut abgebildet werden können. Bei kleinen Rohrdurchmessern sind Aufnahmen aus 2 senkrecht zueinander stehenden Richtungen anzufertigen. Schwieriger ist die Prüfung von Elektroschweißfittings aus Hart-Polyäthylen. Bei dieser Verbindungsart wird in die Muffeninnenwand eine Heizspirale eingelegt. Nach Einschieben des Rohres und Anschluß des Heizstromes werden die Muffeninnenwand und die Rohraußenwand so stark erhitzt, daß eine Schmelzverbindung entsteht. Fehlschweißungen können entstehen, wenn die eingeschobenen Rohre nicht rund sind, da die Schweißung ohne Preßdruck erfolgt. Bei Muffenschweißungen dieser Art versagen als Prüfung auf Bindefehler sowohl die Durchstrahlungs- als auch die Ultraschallmethode. Mit der Durchstrahlungsprüfung kann lediglich die fehlerfreie Lage der Heizspiralen festgestellt werden.

Spezialreifen für den Rennsport und Flugzeugreifen werden 100-prozentig, Reifen aus der Serienproduktion stichprobenweise geprüft. Selten werden Aufnahmen angefertigt. In der Hauptsache erfolgt die Prüfung mit Leuchtschirm. Als folgenschwere Fehler bei der Reifenherstellung sind Brüche in der Karkasse, Brüche einzelner Drähte, Abweichungen vom vorgeschriebenen Winkel zweier Drahtlagen zueinander, Bindefehler zwischen Karkasse und Gummi sowie Hohlräume im Gummikörper anzusehen.

Keramikteile werden nur noch selten einer Durchstrahlungsprüfung unterzogen. Andere Prüfmethoden, z. B. die Ultraschallprüfung, führen schneller und sicherer zum Ziel.

Auf einem in stofflicher Hinsicht verwandten Gebiete, dem Stahlbetonbau, werden auch heute noch häufiger Durchstrahlungsprüfungen durchgeführt, um Angaben über Lage und Stärke der Eisen-Armierung zu ermöglichen.

4.4.3. Dünne Schichten und Folien

Da sich die normalen Röntgenanlagen nicht für die Dünnschichtdurchstrahlung eignen — Gammastrahlung von der üblichen Härte scheidet von vornherein aus —, sind hierfür spezielle Röntgenröhren entwickelt worden. Das Röhrenfenster besteht aus Beryllium und läßt Wellenlängen von 4,5 Å noch hindurch.

Pyrex-Glas, das normalerweise für Röntgenröhren verwendet wird, absorbiert alle Wellenlängen, die größer als 1,5 Å sind. Aus diesem Grunde würde z. B. die bei einer Röhrenspannung von 5 kV erzeugte Strahlung, deren Wellenlänge zwischen 2,5 Å und 4,5 Å liegt, von Pyrex-Glas vollständig absorbiert werden.

Als Durchstrahlungsobjekte sind zu nennen: Sämtliche Arten von Papier, Kunststoff- und Pergamentfolien, Ölbilder auf Leinwand sowie Pflanzen, Gewebe- und Knochenmikrotomien. In den meisten Fällen müssen die Dünnschichtaufnahmen nachvergrößert werden, so daß sich die klassischen Röntgenfilme hierfür nicht eignen. Es wird stattdessen ein Film mit äußerst feinem Korn (Lippmann-Emulsion) verwendet, welcher eine Nachvergrößerung bis zu einem Faktor von 500 gestattet.

Eine auch mit den klassischen Röntgenröhren oder Gammastrahlern durchzuführende Variante der Dünnschichtdurchstrahlung besteht darin, daß nicht die Strahlen selbst, sondern die aus den Bleiverstärkerfolien ausgelösten Elektronen bildzeichnend verwendet werden. Man bringt die zu durchstrahlende dünne Schicht zwischen Film und Bleifolie. Die relativ harte Röntgen- oder Gammastrahlung durchdringt den Film, die dünne Schicht und die Bleifolie. In der Bleifolie jedoch werden Photoelektronen ausgelöst, welche die dünne Schicht durchdringen und auf dem Film ein Elektronenbild der Schicht erzeugen.

4.4.4. Andere technische Objekte

Stellvertretend für das praktisch unbegrenzte Anwendungsgebiet der Durchstrahlungstechnik sollen an dieser Stelle noch einige weitere Beispiele angeführt werden:

Die elektronischen Bausteine für Satelliten und Weltraumfahrzeuge werden sowohl einer sogenannten Bauelementprüfung als auch einer Montageprüfung unterzogen. Bei der Bauelementprüfung[1]) werden alle Widerstände, Gleichrichter, Dioden oder Transistoren durchstrahlt. Teile, bei denen Fremdkörper im Innern, z. B. Lotablagerungen, gebrochene Drähte oder Abweichungen von der vorgeschriebenen Geometrie (verbogene bzw. gebrochene Kontaktfedern bei Dioden oder eine allzugroße Neigung des Kristalles) festgestellt werden, müssen ausgeschieden werden. Nach der Verlötung auf sogenannten elektronischen Steck-Karten werden die kompletten Karten durchstrahlt. Alle Karten, die eine nicht einwandfreie Lötstelle oder Verbindung in der gedruckten Schaltung aufweisen, werden ausgeschieden. Als Filme kommen nur Röntgenfeinstkornfilme zur Anwendung. Die Beurteilung der Filme erfolgt unter einem etwa 20-fach vergrößernden Mikroskop, damit Unregelmäßigkeiten in der Größenordnung von 0,025 mm noch festgestellt werden können. Die Nachvergrößerung ist billiger und geht weiter als die direkt vergrößernde Röntgendurchstrahlung mit Feinfokusröhren.

Auch in der klassischen Elektronik wird das Durchstrahlungsverfahren angewandt. Anordnung und Sitz der einzelnen Funktionsteile innerhalb einer Röhre können auf diese Weise zerstörungsfrei festgestellt werden. Bild 4.16 zeigt die Gammaübersichtsaufnahme (Ir^{192}) eines Klystrons. Durch die kontrastausgleichende Wirkung der Gammastrahlung sind selbst die dünnen Blech- und Drahtteile noch einwandfrei erkennbar. Der plastische Eindruck wird durch die Wiedergabe als Röntgenpositiv noch verstärkt. Um aus derartigen Aufnahmen die genaue geometrische Anordnung der einzelnen Funktionsteile bestimmen zu können, sind mindestens 2 Aufnahmen mit senkrecht zueinander stehenden Strahlungsrichtungen erforderlich.

Ein ebenfalls wichtiges Anwendungsgebiet ist die Prüfung von Explosiv- und Treibstoffen in fester Form auf Homogenität. Sind bei Treibsätzen Hohlräume vorhanden, so können diese zur Explosion und somit zur Zerstörung des Flugkörpers (Granaten, Raketen) führen.

---

[1]) In manchen Fällen werden die Bauelemente vor der ersten Durchstrahlungsprüfung einer Schwingungsbeanspruchung mit Amplituden von ± 10 g (g = Erdbeschleunigung) ausgesetzt.

Bild 4.16
Gammaaufnahme eines Klystrons (Positiv).

4.4.5. Röntgenblitzphotographie

Ursprünglich wurde die Röntgenblitzphotographie ausschließlich für das Gebiet der Ballistik entwickelt.

Man unterscheidet hierbei 4 Anwendungsgebiete: Die Innenballistik (Durchstrahlung von Waffen während des Abschusses), die Zwischenballistik (Durchstrahlung des Geschosses in und beim Verlassen der Mündung einer Waffe), die Außenballistik (Durchstrahlung des Geschosses in der Flugbahn) und die Endballistik (Durchstrahlung des Geschosses beim Eindringen in das Objekt). Während die Innenballistik und deren Ergebnisse für den Waffenkonstrukteur wertvolle Informationen zu liefern vermögen, werden Zwischen-, Außen- und insbesondere die Endballistik zur Arbeitsgrundlage für die Geschoßbauer.

In letzter Zeit findet jedoch die Röntgenblitzphotographie auch auf vielen anderen Gebieten Anwendung. Als Beispiel soll hier nur das Studium der Physik hoher dynamischer Drücke angeführt werden. So kann z. B. die Splitterzerlegung (Splittergröße und Anfangsgeschwindigkeit der Splitter) im Moment der Explosion von Druckkörpern im Modellfall untersucht werden. Bild 4.17 zeigt die Momentaufnahmen eines Weicheisenringes (links) und eines Sintereisenringes (rechts) während der Explosion. Die Ruhelage der gleichgroßen Ringe wurde durch eine kurze

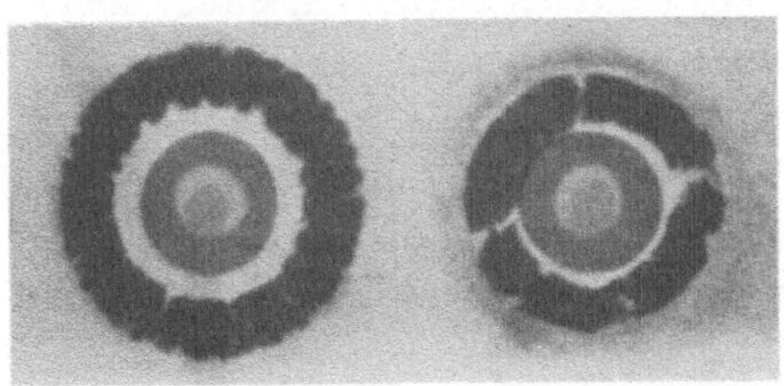

Bild 4.17
Röntgenblitz-Durchstrahlungsbilder von explodierenden Ringen.

Links: Sintereisen

Rechts: Weicheisen

(Deutsch-französisches Forschungsinstitut, Saint-Louis).

Vorbelichtung fixiert. Um die Anfangsgeschwindigkeit der Splitter im Moment des Aufreißens vergleichen zu können, wurden die Explosivladungen mit parallelen Detonationszündschnüren exakt zum gleichen Zeitpunkt gezündet. Das unterschiedliche Materialverhalten von Weich- und Sintereisen ist aus den Aufnahmen gut zu erkennen. Die Aufnahmen sind als Röntgenpositiv wiedergegeben.

4.4.6. Xeroradiographie

Das xeroradiographische Verfahren wird für Untersuchungen außerhalb des Laboratoriums noch nicht eingesetzt. Dennoch soll der Vollständigkeit halber kurz auf das Verfahren und das Arbeitsprinzip eingegangen werden. Der Informationsträger, die xerographische Platte, besteht aus einer Metallplatte mit einer etwa 0,025 bis 0,05 mm dicken, aufgedampften Halbleiterschicht aus amorphem Selen. Die Platte muß im Dunkeln — da Selen bei Licht zum Halbleiter wird — sensibilisiert werden. Die Sensibilisierung besteht darin, daß die oberste Selenschicht mit Hilfe einer geeigneten Vorrichtung gleichmäßig auf ein positives Potential gebracht wird. Daraufhin wird die Platte in eine lichtdichte Kassette eingelegt. Die Selenoberschicht darf jedoch mit dem Kassettenverschluß nicht in Berührung kommen. Die für die Durchstrahlung auf diese Weise präparierte Platte wird nun wie gewöhnliches Photomaterial belichtet. Je nach Intensität der auftreffenden Strahlung wird die Selenschicht an den entsprechenden Stellen leitend, so daß die Ladung durch die Metallplatte abgeführt werden kann. Nach Ablauf der Belichtungszeit wird die Platte wieder im Dunkeln der Kassette entnommen und in einen Kasten, mit der Selenschicht nach unten, eingelegt. Nun wird in den Kastenraum unterhalb der Selenschicht farbiges Pulver (zweckmäßigerweise blaues Pulver, welchem auf reibungselektrischem Wege eine negative Ladung aufgeprägt wurde) eingeblasen. Auf Grund der elektrostatischen Anziehung sammelt sich an den wenig bestrahlten Stellen mehr Pulver an als an den stärker bestrahlten Stellen. Nach dieser elektrostatischen Bestäubung, die der Entwicklung beim Röntgenfilm entspricht, kann das Bild bei Licht betrachtet werden. Bei Verwendung von dunklem Pulver ist die Helligkeitsverteilung der einer Röntgenaufnahme entgegengesetzt (Röntgenpositiv). Die Pulverfarbe kann auch weiß gewählt werden, wenn man für eine dunkle Farbe der Plattenoberfläche sorgt. Falls die Platte wieder verwendet werden soll und somit ein Löschen des Bildes notwendig ist, wird das der Strahlungsverteilung entsprechende Pulverrelief abgenommen. Man preßt hierzu weißes, mit einer Klebeschicht versehenes Papier auf die Platte und erhält ein seitenverkehrtes blaues Pulverbild auf weißer Fläche. Der Hauptvorteil gegenüber der klassischen Röntgenphotographie besteht darin, daß die Arbeitsgänge auf völlig trockenem Wege ($\xi\eta\rho\acute{o}\varsigma$ = trocken) ausgeführt werden können. Geringere Detailerkennbarkeit und vor allem Bildverformungen, die Anlaß zu falschen Interpretationen geben können, sind Nachteile, die zur Zeit noch einer allgemeinen Anwendung im Wege stehen.

5. Grenzen der Durchstrahlungsprüfung

Bei der Durchstrahlung eines Werkstückes entsteht ein Schattenbild seiner Grobstruktur. Nur solche makroskopische Inhomogenitäten machen sich bemerkbar, deren Absorptionsverhalten sich von der Umgebung unterscheidet. Die Nachweisbarkeitsgrenze hängt von verschiedenen, nur zum Teil beeinflußbaren Größen ab (vgl. Abschnitt 3.3). Sie kann sich überdies von Objekt zu Objekt ändern.

In den letzten Abschnitten ist wiederholt darauf hingewiesen worden, daß sich flächenhafte Fehler nur dann optimal zur Abbildung bringen lassen, wenn Fehlerebene und Durchstrahlungsrichtung zusammenfallen. Am eindrucksvollsten wird diese Tatsache durch die Bilder 5.1 und 5.2 wiedergegeben. Bild 5.1 zeigt zwei an ein und demselben Nahtabschnitt angefertigte Durchstrahlungsbilder (Gasschmelzschweißung in 2 Lagen). Die obere Aufnahme zeigt die Nahtprojektion bei senkrechter Durchstrahlung. Den an der oberen Wurzelkante erkennbaren dunklen, länglichen Bereich könnte man als harmlosen Zunderriß deuten. Wird die Durchstrahlung jedoch so durchgeführt, daß die Strahlungsrichtung im verdächtigen Bereich parallel zur Nahtflanke verläuft (Schrägaufnahme, unteres Bild), so erkennt man, daß es sich um eine scharfe Trennung in der Nahtflanke handelt. Der den Durchstrahlungsbildern beigefügte Querschliff dieses Bereiches bestätigt diesen Befund. Bemerkenswert ist die Tatsache, daß die rechts vom Buchstaben K im Wurzelbereich liegende Pore unabhängig von der Durchstrahlungsrichtung immer gleich gut zur Abbildung kommt. Während sich der 7 mm tiefe Fehler bei Senkrechtprojektion besten-

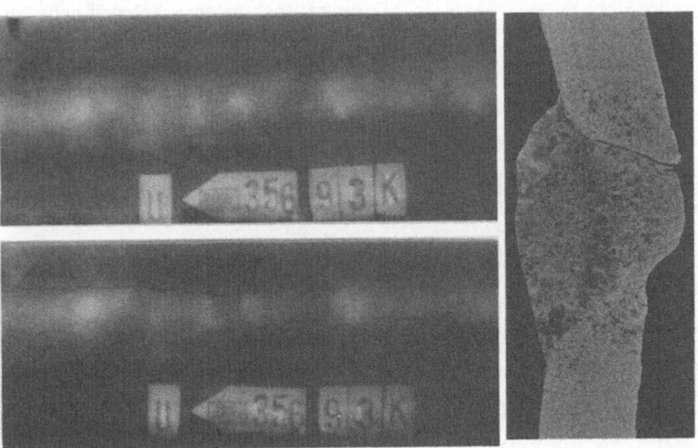

Bild 5.1. Normale Gammadurchstrahlung einer Schweißnaht mit Trennung (oberes Bild) und schräge Durchstrahlung – parallel zur Fehlerebene – derselben Naht (unteres Bild). Auf der rechten Bildhälfte ist der Querschliff an der Stelle der Ziffer „U" wiedergegeben (NW 250 x 8, St 35.8, Autogenschweißung).

falls wie eine Werkstofftrennung von 1 mm Tiefe auswirkt, tragen bei Schrägdurchstrahlung — unter Berücksichtigung der etwas leicht gekrümmten Fehlerfläche — etwa 6 mm Fehlertiefe zur Fehlerabbildung bei.

Ein noch krasseres Beispiel zeigt Bild 5.2. Oben ist der Ausschnitt einer Durchstrahlungsaufnahme wiedergegeben (Fallrohr eines Hochdruckkessels, Gasschmelzschweißung in 2 Lagen, Vertikalnaht). Ein ungeübter Beobachter würde die Naht auf Grund des Durchstrahlungsbildes vermutlich freigeben und die Schwärzungskonturen harmlosen Wurzelkerben zuordnen. Der in der unteren Bildhälfte wiedergegebene Querschliff (Schnittführung im Bereich der Ziffer 2 vor der Pfeilspitze) zeigt jedoch, daß die Schwärzungskonturen von einem — auf Grund der Senkrechtdurchstrahlung — schräg durchstrahlten scharfen Flankenbindefehler herrühren. Der zweite im Querschliff ebenfalls erkennbare Fehler, die „kalt" über das Rohr geschobene Deckraupe, kann jedoch weder mit der Durchstrahlungsmethode noch mit dem Ultraschallverfahren festgestellt werden. Um derartige Fehler mit Sicherheit nachweisen zu können, müßte noch das Magnet- oder das Farb-Eindringverfahren (die frühere Kalkmilchprobe) angewendet werden.

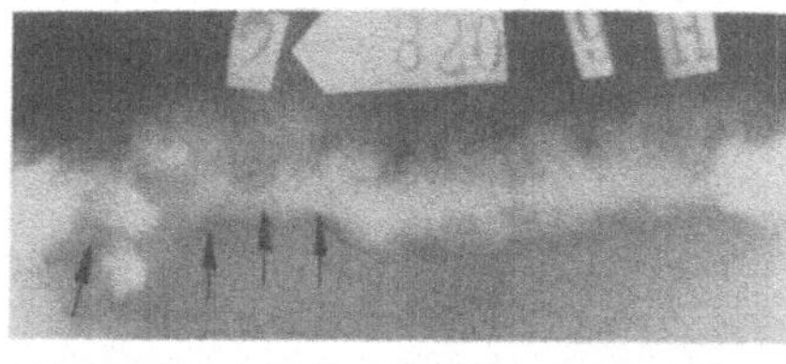
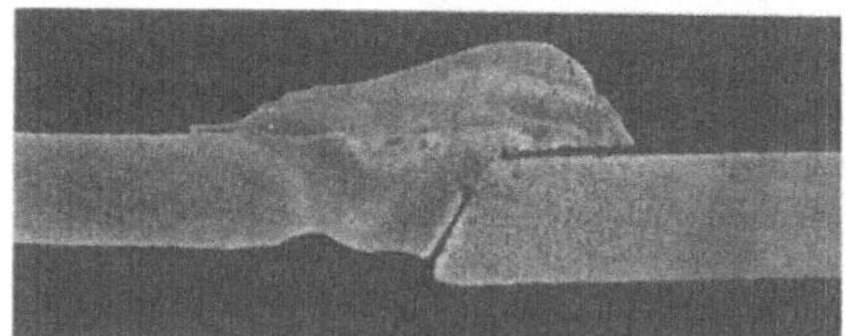

Bild 5.2
Gammaaufnahme einer Schweißnaht mit einem scharfen Bindefehler an der unteren Nahtflanke und mit einer „kalt" übergeschobenen Decklage (oben). Schliffbild (unten) an der Stelle der Ziffer „2" (70 ϕ a x 5 mm, St 45.8, autogen geschweißt).

Doppelungen im Blech oder Rohrmaterial sind im Durchstrahlungsbild nur gelegentlich und meist nur dann erkennbar, wenn die Spalte klaffen und die Querschnittschwächung in Durchstrahlungsrichtung mindestens 1 . . . 2 % der Gesamtwanddicke beträgt. Diese Erscheinungen sind nicht zu verwechseln mit den bei Rohren häufig vorkommenden, meist harmlosen, aber im Durchstrahlungsbild den Doppelungen ähnlichen Ziehriefen und -Streifen. Eine sichere Flächen-Prüfung auf Doppelungen erfolgt am besten mit Ultraschall. Eine Vorprüfung der Stoßfugen kann magnetisch oder nach dem Farb-Eindringverfahren durchgeführt werden.

Doppelungen, die bis zu einer Schweißnahtfuge reichen, können zu Anrissen führen (bei Lichtbogenschweißung) oder zu Porenketten (durch Ausgasen der Spalte, vor allem bei Autogenschweißung wegen der größeren eingebrachten Wärmemenge). An solchen Fehlern trägt der Schweißer keine Schuld. Ausbesserungsversuche führen nur dann sicher zum Erfolg, wenn man die Fehlerursache (durch Auswechseln der gedoppelten Bereiche) beseitigt.

Im Stahlhoch- und Brückenbau kommen durch Anordnung von Doppel- oder Mehrfachlamellen „künstliche Doppelungen" vor. Werden solche Mehrfachlamellen gestoßen und verschweißt, dann müssen diese künstlichen Doppelungen ausgefugt und vorgeschweißt werden (vgl. z. B. DIN 4100 vom Dez. 1956, Seite 7, Bild 19).

Die oben besprochenen Beispiele haben gezeigt, daß flächenhafte Fehler kaum oder überhaupt nicht zur Abbildung kommen, wenn ihre Ebene nicht mit der Durchstrahlungsrichtung übereinstimmt. Die Grenze für den kleinsten, im Durchstrahlungsbild eben noch erkennbaren Fehler wird durch das Verhältnis der Schwächungskoeffizienten vom Werkstück zum Fehlerbereich gezogen. Befindet sich in einem Werkstück der Dicke D ein Fehler mit der Ausdehnung d, so werden bei Durchstrahlung des Werkstücks, wie in Bild 5.3 schematisch angedeutet, die Intensitäten I_1 und I_2 für die Durchlaßstrahlung gemessen. Wenn μ der Schwächungskoeffizient für das Werkstück und μ' der Schwächungskoeffizient für den Fehlerbereich ist, dann gilt nach Gleichung (2.3):

$$I_1 = I_0 \cdot e^{-\mu D - (-\mu d) + (-\mu' d)} \qquad (5.1)$$

$$I_1 = I_0 \cdot e^{-\mu D - (\mu' + \mu)d} \qquad (5.2)$$

$$I_2 = I_0 \cdot e^{-\mu D} \qquad (5.3)$$

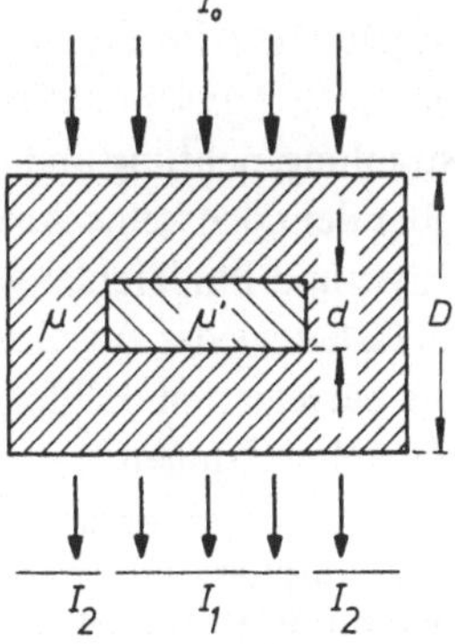

Bild 5.3
Durchstrahlung eines Werkstückes mit Fehler (Beschreibung s. Text).

Wenn nun überhaupt ein Schwärzungsunterschied auf dem Röntgenfilm erkennbar sein soll, so muß auch die Durchlaßstrahlung hinsichtlich ihrer Intensität Unterschiede aufweisen. Es gilt also die Forderung:

$$\frac{I_1}{I_2} \neq 1 \qquad (5.4)$$

Werden die unterschiedlichen Intensitäten (Gleichung (5.2) und (5.3)) zueinander ins Verhältnis gesetzt, so erhält man:

$$\frac{I_1}{I_2} = e^{-(\mu' + \mu)d} \qquad (5.5)$$

Für den Fall, daß die Fehlerstelle ein Hohlraum und mit Luft angefüllt ist, wird $\mu' = 0$. Es ergibt sich dann:

$$\frac{I_1}{I_2} = e^{-\mu d} \tag{5.6}$$

Aus der Gleichung (5.6) geht somit hervor, daß die Werkstoffdicke D ohne Einfluß auf die unterste Größe eines eben noch erkennbaren Fehlers ist. Theoretisch müßte eine kleine Pore oder ein Riß von kleiner Tiefenausdehnung in einem sehr dicken Werkstück genauso abgebildet werden können, wie Fehler in sehr dünnen Werkstücken. Daß dieses Ergebnis nicht mit der praktischen Erfahrung übereinstimmt, ist eine Folge der im Werkstück entstehenden Streustrahlung. Die tatsächliche untere Grenze für die Erkennbarkeit liegt bei etwa 1...2 % der durchstrahlten Werkstoffdicke.

Auch die Spaltbreite eines flächenhaften Fehlers begrenzt die Fehlererkennbarkeit. Von Einfluß sind außer der Neigung die „Rauhigkeit" der Spaltflächen und ihre Krümmung in Bezug auf die Strahlungsrichtung. Für die Abbildung eines z. B. sägezahnartig verlaufenden Risses müssen in Strahlungsrichtung insgesamt mindestens 1 ... 2 % des werkstoff-freien Riß-Gebietes (bezogen auf die Werkstoffdicke) liegen. Diese Forderung bestimmt den Grenzwert für die Spaltbreite des Fehlers, bei der noch Aussicht auf Nachweismöglichkeit besteht. Es gibt Fälle, in denen die Durchstrahlungsrichtung und die Fehlerebene übereinstimmen, das Durchstrahlungsbild aber dennoch keine Anzeichen einer Fehlerabbildung zeigt. Als Beispiel hierfür seien Risse und Bindefehler genannt, die während des Schweißvorgangs entstehen und beim Erkalten wieder zugepreßt werden. Ähnlich sind die Verhältnisse bei Mikrorissen, die bei legierten Stählen wie 13CrMo44, 10CrMo910, 14MoV63 oder bei Austeniten entstehen können.

Im Gegensatz zur Durchstrahlungsprüfung eignet sich die Ultraschallprüfung zur Feststellung von zugepreßten Werkstofftrennungen oder Mikrorissen bei ferritischen Schweißnähten sehr gut, sie ist aber bei austenitischen Schweißnähten nur mit Vorbehalt durchführbar.

Genaue Angaben über die Tiefenlage des Fehlers und über die Fehlerausdehnung in Durchstrahlungsrichtung lassen sich ohne Zusatzaufnahmen nicht machen. Die Methode der Stereotechnik oder der Schrägdurchstrahlung aus verschiedenen Winkeln mit zeichnerischer Auswertung (letztere z.B. geeignet für den Nachweis von Lage und Abmessung von Eisenarmierungen in Betonträgern, vgl. Abschnitt 4.4.2) sind für flächenhafte Fehler ohnedies nicht brauchbar. In vielen Fällen kann jedoch schon auf Grund der Erscheinungsform und Abbildungslage eines Fehlers angegeben werden, ob er sich im Wurzelbereich oder im restlichen Nahtvolumen befindet. Bei dünnwandigen Rohren erübrigen sich solche Unterscheidungen. Bei dickwandigen Rohren empfiehlt es sich auf jeden Fall, vor der Reparatur die genaue Fehlerlage und Tiefenausdehnung durch eine Ultraschallprüfung festzulegen. Das gleiche trifft auch für Schmiedestücke zu.

Die Ausdehnung nicht flächenhafter Fehler in Durchstrahlungsrichtung (z.B. an Gußstücken) kann auf Grund der Schwärzungsunterschiede geschätzt werden. Das Ausphotometrieren des Röntgenfilmes mit der Fehlerabbildung und der Vergleich mit der Durchstrahlungsaufnahme eines Stufenkörpers desselben Materials ergibt ebenfalls brauchbare Werte. Meist führt aber auch hier die Ultraschallkontrolle schneller zum Ziel.

Die im Durchstrahlungsbild erscheinenden Schwärzungsunterschiede sind ausschließlich durch grobstrukturelle Fehler bedingt. Entmischungen sind im Durchstrahlungsbild nur dann erkennbar, wenn die Legierungskomponenten unterschiedlich genug absorbieren. Gefügeänderungen, Härteunterschiede und dergleichen gehen aus dem Durchstrahlungsbild nicht hervor. Wichtig erscheint der Hinweis, daß die Durchstrahlung von Rohrschweißnähten keine Dichtigkeitsprüfung darstellt. Eine einzige Pore, die festigkeitsmäßig völlig belanglos ist und auf Grund des Durchstrahlungsbefundes auch nicht beanstandet wird, kann die Ursache für eine undichte Stelle sein. Auch die im Durchstrahlungsbild nur schwer nachweisbaren Bindefehler in der Nahtflanke können bei Anwendung der Einlagenschweißung zur Undichtheit führen (aus diesem Grunde sind an Einlagenschweißungen im allgemeinen schärfere Maßstäbe zu legen als an Mehrlagenschweißnähte). Druckprobe und Durchstrahlungsprüfung schließen sich gegenseitig nicht aus, sondern ergänzen einander.

6. Beurteilung der Durchstrahlungsbilder

Zweckmäßigerweise soll die Beurteilung der Durchstrahlungsaufnahmen in einem Raum mit diffusem Dämmerlicht erfolgen. Die Leuchtdichte des Filmbetrachtungsgerätes muß der Filmschwärzung entsprechend optimal einstellbar sein (vgl. hierzu Abschnitt 3.3.3). Es ist dafür zu sorgen, daß das Auge beim Filmwechsel nicht der Beurteilungshelligkeit des Filmbetrachtungsgerätes ausgesetzt wird. Am einfachsten läßt sich dies dadurch bewerkstelligen, daß man die Betrachtungsgeräte so baut, daß beim Filmwechsel eine etwa der Umgebungshelligkeit entsprechende Leuchtdichte mittels Fußschalters eingestellt wird. Dies bedeutet bei einer Filmschwärzung von S = 3 eine Reduzierung der Beurteilungsleuchtdichte von etwa 10^5 cd/m^2 um 3 Größenordnungen auf etwa 10^2 cd/m^2. Es ist außerdem darauf zu achten, daß bei sehr kleinen Filmformaten die unter Umständen zu große Leuchtfläche mit Hilfe von Masken abgedeckt werden kann.

Ergänzend sei an dieser Stelle noch darauf hingewiesen, daß die Beurteilung von Röntgenfilmen im Gegensatz zur Lichtphotographie immer am Negativ erfolgt. Materialschwächungen wie Poren oder Risse erscheinen dunkel. Bei der Beurteilung am Leuchtschirm hingegen liegt ein Röntgenpositiv vor. Poren, Risse und sonstige Materialschwächungen erscheinen heller als das Grundmaterial.

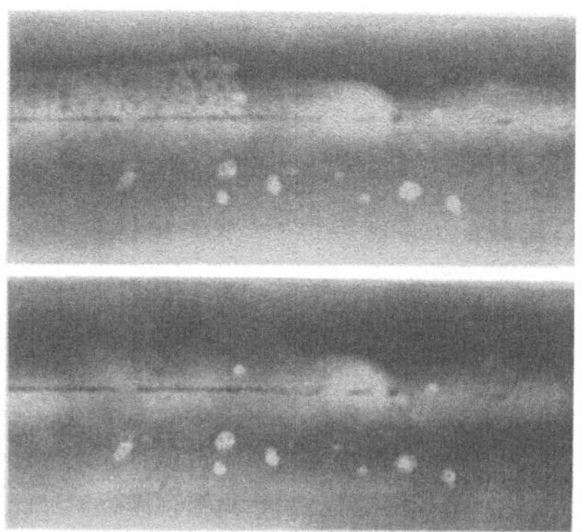

Bild 6.1
Einfluß nicht abgeplatzter Deck-Schlacke auf der gegengeschweißten Innenseite einer Flanschnaht mit scharfem Wurzelfehler (Gammaaufnahme, NW 250 x 8, St 35.8, elektrisch geschweißt).

Grundsätzlich kann die Filmbeurteilung in 3 Vorgänge eingeteilt werden: Das Erkennen der durch einen Fehler verursachten Schwärzung, die Zuordnung der Schwärzung (Festlegung der Fehlerart) und die daraus folgende Bewertung. Das Erkennen einer fehlerbedingten Schwärzung wurde schon in Abschnitt 3.3.3 besprochen. Die Zuordnung und Festlegung einer Fehlerart erfordert in manchen Fällen schon eine Entscheidung, die nur mit Hilfe der erworbenen Erfahrung getroffen werden kann. Als Beispiel dafür sind in Bild 6.1 zwei Gammaaufnahmen (Ir^{192} von 1/1 mm,

Außendurchstrahlung) wiedergegeben. Der längs durch die Nahtmitte verlaufende schwarze Strich kann eindeutig einem Wurzelfehler zugeschrieben werden. Die in der linken Bildhälfte der oberen Aufnahme erkennbare stark poröse Zone hat jedoch mit der eigentlichen Schweißnaht nichts zu tun. Sie rührt von einem Deck-Schlackenrest her. Zum Vergleich ist unten die Aufnahme an derselben Stelle nach Entfernung der Schlacke nochmals wiedergegeben. Ist die Schlacke wie im Beispiel teilweise abgesprengt, so ist es nicht schwer, die Porosität dem Schlackenrest zuzuordnen. Wenn jedoch die Schweißnaht völlig mit Schlacke bedeckt ist, kann es zu Fehldeutungen kommen. Ähnlich verhält es sich bei Schlackenablagerungen im Inneren von Rohren.

Auch Filmfehler können, wenn sie nicht eindeutig als solche im schräg auffallenden Licht oder mit Hilfe des Doppelfilmes erkannt werden, zu Fehldeutungen Anlaß geben. In Zweifelsfällen müssen Kontrollaufnahmen angefertigt werden.

Vom International Institute of Welding (IIW) und der American Society for Testing Materials (ASTM) sind Musterkataloge für die Erscheinungsform von Fehlern im Durchstrahlungsbild herausgegeben worden. Diese Sammlungen stellen vor allem für den noch ungeübten Werkstoffprüfer eine große Hilfe bei der Deutung von Durchstrahlungsbildern dar.

6.1. Kurzzeichen für die Kennzeichnung von Fehlern

Die in den Prüfberichten zur Kennzeichnung von Fehlern verwendeten Kurzzeichen stellen Abkürzungen der deutschen Fehlerbezeichnungen dar. Für innerdeutsche Belange werden auch heute noch allgemein die in Tabelle 6.1 wiedergegebenen und von der früheren Reichs-Röntgenstelle eingeführten Abkürzungen gebraucht. Die Kurzzeichen sind hauptsächlich auf die Durchstrahlung von Schweißnähten abgestimmt.

Die Zusammenstellung dieser Kurzzeichen folgt keinem bestimmten Einteilungsprinzip. Sie sind aber einprägsam und haben sich für den Telegrammstil in Prüfberichten seit mehr als 30 Jahren bewährt. In Bild 6.2 ist zur besseren Übersicht eine Zusammenstellung von Schweißnahtfehlern wiedergegeben, wie sie sich bei Herstellung eines Querschliffes zeigen würden. Die Aufstellung ist auf die V-Nahttype zugeschnitten, läßt sich jedoch sinngemäß auch auf andere Schweißnahtformen übertragen.

Für den internationalen Verkehr, insbesondere für Prüfberichte und Gutachten, die in das Ausland gehen, werden auch in Deutschland die vom International Institute of Welding (IIW) eingeführten Buchstaben und Buchstabengruppen verwendet. Die Aufstellung ist im Gegensatz zu den deutschen Abkürzungen zwar systematischer, für die Praxis jedoch weniger zweckmäßig (Tabelle 6.2).

Tabelle 6.1. Zur Darstellung des Durchstrahlungsbefundes verwendete Kurzzeichen

Abkürzung	Fehlerbezeichnung	Bemerkungen
P	Poren	
PK	Porenketten	
L	Lunker	
S	Schlacke	
SZ	Schlackenzeile	
K	Kerbstellen[1]	
EK	Einbrandkerben[2]	
WF	Wurzelfehler	
W	offene Wurzelfuge[3]	
D	Durchbruch in der Wurzel	
BF	Bindefehler[4]	
KS	Kaltschweißstelle[5]	
LR	Längsriß	
QR	Querriß	
Rv	Rohrversetzung[6]	
Tr	Tropfenbildung[7]	
eTr	einzelne Schweißgut-Tropfen	
MF	Materialfehler	
w	Index zu den oben angeführten Kurzzeichen[8]	
FF	Filmfehler	
oB	ohne Fehlerbefund	
A	Ablagerungen bei Rohrschweißnähten	
Wo	Wolframeinschlüsse (bei Argonschweißungen)	

Bemerkungen

[1] örtlich begrenzt

[2] längs der Nahtränder

[3] kein Wurzelfehler im üblichen Sinne, Wurzelraupe lediglich eingesunken

[4] meist entlang der Stoßfuge

[5] im Gegensatz zum BF örtlich begrenzt, in Längs- oder Querrichtung zur Naht vorkommend

[6] infolge ungleicher Wanddicken, unrunder Rohrabschnitte, ungleicher Rohrdurchmesser oder Versetzung der Rohrachsen

[7] an der Nahtunterseite (Wurzelseite)

[8] bedeutet Lage des Fehlers im Bereich der Nahtwurzel

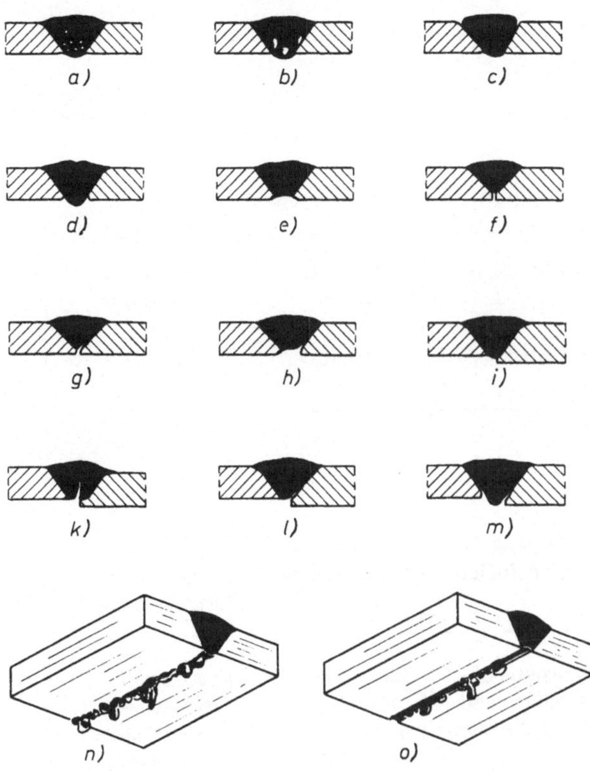

Bild 6.2. Schematische Skizzen von V-Nähten mit verschiedenen Fehlern:

a) Poren (P);

b) Schlacken (S);

c) Einbrandkerben (EK);

d) Einbrandkerben auf der Wurzelseite (EKw);

e) Wurzelfuge ungenügend mit Schweißgut gefüllt, keine scharfen Kerben (W);

f) Wurzelfehler (WF);

g) Wurzelfehler mit Bindefehler (WF, BF);

h) wie Bild „e"; jedoch mit einseitigem Bindefehler (W, BF);

i) Rohrversetzung infolge ungleicher Wanddicken (Rv);

k) Rohrversetzung infolge ungleicher Rohrdurchmesser oder Versetzung der Rohrachsen und Längsriß (Rv, LR);

l) Rohrversetzung mit einseitigem Bindefehler (Rv, BF);

m) Rohrversetzung mit doppelseitigem Bindefehler (Rv, BF);

n) Tropfenbildung auf der Nahtunterseite (Tr);

o) Einzelne Schweißguttropfen auf der Nahtunterseite sowie stellenweise offene Nahtwurzel und Kerben auf der Wurzelseite (eTr, WF, Kw).

Tabelle 6.2. Internationale Kurzzeichen zur Kennzeichnung von Fehlern

Kurz-zeichen	Begriff			
	deutsch	englisch	französisch	russisch
A	**Gaseinschlüsse**	**Gas Bubbles**	**Inclusions gazeuses**	**Газовые включения**
Aa	Poren	Porosity	Soufflures et piqûres	поры
Ab	schlauchartige, trichterförmige Gaseinschlüsse	Pipes	Soufflures vermiculaires	шланговидные воронкообразные газовые включения
B	**Schlacken**	**Slag Inclusions**	**Inclusions de laitier**	**шлаковые включения**
Ba	Schlacken verschiedener Form und Richtung	Inclusions of any shape and in any direction	Inclusions de forme et d'orientation quelconques	шлаковые включения разных видов и направлений
Bb	Schlackenzeilen	Slag lines	Inclusions alignées ou en chapelet	полоски шлакового включения
Bc	Schlacken infolge schlechten „Pendelns"	Weaving faults	Inclusions alternées	шлаковые включения вследствие плохого »качания«
Bd	Schlacken infolge schlechten Auskreuzens	Fault from bad chipping	Défauts de burinage	шлаковые включения вследствие плохой крестообразной вырубки
Be	Schlacken infolge Elektrodenwechsels	Fault at electrode change	Mauvaise reprise	шлаковые включения вследствие обмена электродов

Tabelle 6.2. (Fortsetzung). Internationale Kurzzeichen zur Kennzeichnung von Fehlern

Kurz-zeichen	Begriff			
	deutsch	englisch	französisch	russisch
Bf	Schlacken im Anschluß	Fault at junction of seams	Défauts au croisement	шлаковые включения в стыке
C	**Bindefehler**	**Lack of Fusion**	**Manque de fusion**	изъян схватывания
D	**Wurzelfehler**	**Incomplete penetration**	**Manque de pénétration**	изъян вершины шва
E	**Risse**	**Cracks**	**Fissures**	трещины
Ea	Längsrisse	Longitudinal cracks	Fissures longitudinales	продольные трещины
Eb	Querrisse	Transverse cracks	Fissures transversales	поперечные трещины
F	**Einbrandkerben**	**Undercutting**	**Sillons**	подрезы

6.2. Festlegung zulässiger Fehlergrößen und Notensystem

Es leuchtet ein, daß bei der Beurteilung des Durchstrahlungsbildes einer hoch beanspruchten Schweißnaht ein schärferer Maßstab angelegt werden muß als bei einer weniger beanspruchten Naht. Dies gilt natürlich nicht nur für Schweißnähte, sondern für alle Prüfobjekte. Um die Auswirkung eines Fehlers beurteilen zu können, müssen Abmessung und Werkstoff des Objektes sowie Betriebsart und Betriebsbeanspruchung bekannt sein. Gefahrenmoment und Betriebsrisiko können ebenfalls dazu beitragen, die eben noch zulässige Fehlergröße abzugrenzen. Außerdem sind Angaben über die aufnahmetechnischen Bedingungen und das Herstellungsverfahren (bei Schweißnähten z. B. Gas-, Lichtbogen- oder Argonschweißung) notwendig.

Die Entwicklung geht dahin, daß mit steigender Beanspruchung der Bauteile auch die Prüfmethoden immer mehr verfeinert werden. Hieraus ergibt sich, daß mehr und feinere Fehler als früher erkannt werden. Damit ist aber auch die Gefahr einer Überbewertung von Fehlern verbunden, die mit den früheren Methoden nicht festgestellt werden konnten, erfahrungsgemäß aber auch nicht als betriebsgefährdend bezeichnet werden müssen. Deshalb muß die Festlegung der zulässigen Fehlergröße dieser Entwicklung Rechnung tragen. In vielen Fällen wird dieses Problem gemeinsam von Hersteller, Prüfer und Betreiber einer Anlage, unter Umständen mit Hilfe weiterer Prüfmethoden, gelöst.

Unter Berücksichtigung dieser Gesichtspunkte muß an Hand des Durchstrahlungsbildes ein Urteil über die Schweißnaht gefällt werden. Bis auf wenige Fälle, in welchen es nur um die Annahme oder Verwerfung einer Naht geht (Schwarz-Weiß-Methode), wird das Urteil durch Noten ausgedrückt. Das heute noch übliche System geht ebenfalls auf die frühere Reichs-Röntgenstelle zurück. Es kommen hierbei die in Tabelle 6.3 aufgeführten Noten zur Anwendung, die selbstverständlich auch auf andere Prüfobjekte übertragen werden können.

Tabelle 6.3. Beurteilungsmaßstab für Durchstrahlungsbilder (Röntgen- oder Gammaaufnahmen an Schweißverbindungen)

Note	Befund
1 gut	Die Schweißung ist fehlerfrei
2 brauchbar	Die Schweißung enthält geringfügige Unregelmäßigkeiten, die nicht von Einfluß auf die Betriebssicherheit der Schweißverbindung sind. Es besteht weder ein Anlaß zur Kritik an der Arbeit des Schweißers, noch für eine Änderung des Schweißverfahrens oder für einen Wechsel des Zusatzwerkstoffes.
3 belassen	Die Schweißung enthält Fehler, die mit dem Begriff einer „einwandfreien Arbeit" nicht mehr in Einklang zu bringen sind und bei weiteren Arbeiten dieser Art vermieden werden müssen. Bei mehreren Teilaufnahmen an derselben Naht wird auch die Beschaffenheit der übrigen Zonen zur Beurteilung von Grenzfällen mit herangezogen. Nachprüfung der Belastungsverhältnisse wird empfohlen.
4 beanstandet	Die Schweißung enthält Fehler, insbesondere Werkstofftrennungen, von einem Ausmaß, das erfahrungsgemäß die Betriebssicherheit der Schweißverbindung erheblich herabsetzt. Ausbesserung oder Neuschweißung der Verbindung oder andere geeignete Sicherungsmaßnahmen werden angeraten.

7. Weitere Anwendungsmöglichkeiten der Grobstrukturprüfung

7.1. Wanddickenmessung

Bei der Wanddickenmessung wird als Strahlungsdetektor anstatt des Filmes das Zählrohr verwendet. Man unterscheidet zwischen statischen Messungen (Bestimmung von Korrosionen, Messung von Schichtdicken) und dynamischen Messungen (kontinuierliche Dickenbestimmung eines am Meßgerät vorbeigeführten Prüfobjektes). Es werden zwei verschiedene Methoden angewendet: das Durchstrahlungsverfahren und das Rückstrahl- oder Reflexionsverfahren. Beim Durchstrahlungsverfahren befindet sich das Meßobjekt zwischen Strahlenquelle und Detektor. Beim Rückstrahlverfahren befinden sich die Strahlenquelle und der vor direkter Strahlung geschützte Detektor auf derselben Seite des Meßobjektes.

Für die Wanddickenmessung an großen Flächen werden die Meßpunkte durch ein vorher aufgezeichnetes Netz festgelegt. Vor Beginn der eigentlichen Messungen muß die Zählrohranzeige an einem Vergleichsstück bekannter Wanddicke geeicht werden. Die Zählrohrmethode ermöglicht somit im Gegensatz zur qualitativen Filmaussage quantitative Angaben über die Wanddicke. Ein Beispiel sowohl für die unterschiedliche Wirkung harter und weicher Strahlung als auch für die gute Übereinstimmung von Durchstrahlungsergebnis und Zählrohranzeige ist in Bild 7.1 wiedergegeben. Die Durchstrahlungsbilder wurden an einem ausgemauerten Zellstoffkocher (Dicke des Stahlblechmantels 26 mm, Dicke der Ausmauerung 150 mm) angefertigt. Die Aufgabe bestand darin, Lage und Tiefe von Korrosionen im Stahlmantel zu bestimmen, ohne daß die Ausmauerung entfernt werden durfte. Die Bilder 7.1a und 7.1b zeigen deutlich die Wirkung der weichen Ir^{192}- und harten Co^{60}-Strahlung (Filmlage auf Stahlseite). Der starke Kontrastunterschied zwischen Ir^{192}- und Co^{60}-Aufnahmen ist einmal auf die unterschiedlichen Halbwertsdicken[1] für Stahl, zum anderen auf die Wellenlängenabhängigkeit der Photoemulsion zurückzuführen. In Bild 7.1c ist das Ergebnis der Zählrohrprüfung (Strahler auf Stahlseite außen, Zählrohr in Kochermitte) graphisch auf die Ir^{192}-Aufnahme übertragen. Die Größe der Kreisdurchmesser gibt ein Maß für die Wanddickenschwächung des Stahlmantels. Der weiß angelegte Kreis entspricht einer Schwächung des Stahlmantels um 16 mm. Dies ergibt an dieser Stelle eine Restwanddicke von 10 mm (38,5 % der Sollwanddicke). Die Bilder zeigen, daß die Zählrohranzeige lagemäßig den Korrosionsverlauf mit hinreichender Genauigkeit zu bestimmen gestattet. Dieses Verfahren liegt auch

---

[1] Für Ir^{192} mit einer mittleren Quantenenergie von 0,38 MeV beträgt die erste Stahlhalbwertsschicht 13 mm, für Co^{60} mit einer mittleren Quantenenergie von 1,25 MeV hingegen 33 mm.

der „on stream inspection" zugrunde, die in den letzten Jahren in der chemischen und petrochemischen Industrie zur Bestimmung von Korrosionen oder kompakten Ablagerungen in Rohrleitungen während des Betriebes Bedeutung erlangt hat.

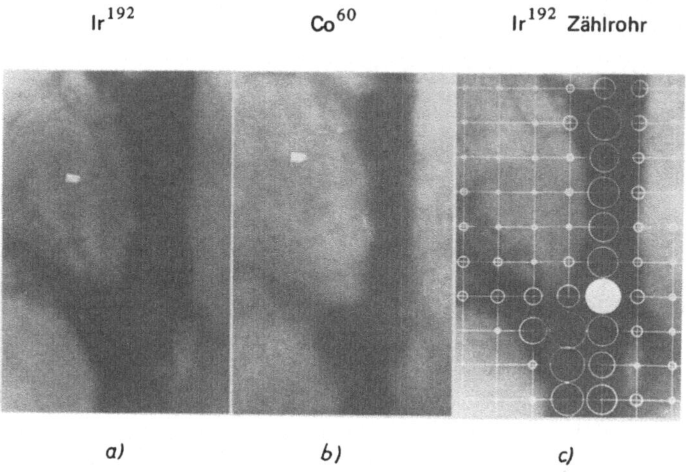

Bild 7.1. Korrosionsprüfung (Wanddickenkontrolle) mit Film- und Zählrohrmethode.
a) Gammaaufnahme mit Ir^{192}
b) Gammaaufnahme mit Co^{60}
c) Kontrolle der Ergebnisse mit Gammastrahler und Zählrohr

Als Beispiele für die dynamische Wanddickenmessung sind alle Verfahren anzuführen, die in den Fabrikationsablauf fest eingebaut sind. Bänder und Folien verschiedener Dicke und Werkstoffart werden auf Gleichmaß geprüft. Die Messung kann berührungslos erfolgen. Auf diese Weise ist z. B. die Dicke von noch rotglühendem Tafelblech oder von heißen Glastafeln ohne Schwierigkeit zu überwachen. Die Meßwerte können überdies zur Steuerung der Walzeneinstellung oder anderer Fabrikationseinrichtungen benutzt werden.

Je nach Absorptionseigenschaften des Materials wählt man für die zu messenden Dickenbereiche das Durchstrahlungsverfahren oder das Reflexionsverfahren. Schichtdicken auf einer Metallunterlage werden ausschließlich nach dem Reflexionsverfahren gemessen. Meistens werden hierbei zwei komplette Anlagen eingesetzt. Die eine Anlage liefert den Meßwert des Schichtträgers, die zweite den Meßwert von Schichtträger und Schicht. Der Differenzwert ist ein Maß für die aufgebrachte Schichtdicke.

Für Dickenmessungen kommen alle Strahlerarten (α-, β- und γ-Strahler) in
Betracht. Zweckmäßigerweise werden für Messungen an dünnen Schichten β-Strah-
ler, zur Messung von dickeren und extrem dicken Schichten γ-Strahler eingesetzt.
Die erreichbaren Meßgenauigkeiten betragen bei Anwendung von Gammastrahlern
und der Durchstrahlungsmethode für Stahl, Kupfer und Messing zwischen 0,1 und
0,3 % der Sollwanddicken von 2 . . . 100 mm. Bei Aluminium, Glas und Kunststof-
fen werden mit der gleichen Meßanordnung Genauigkeiten von 0,5 . . . 0,8 %, bezogen auf Sollwanddicken von 1 . . . 50 mm, erzielt.

7.2. Dichtemessung

Während bei der Dickenmessung die Variation der Dicke unter Konstanthal-
tung der Dichte gemessen wird, muß bei der Dichtemessung auf genaue Einhaltung
der Objektdicke geachtet werden, um Aussagen über die Dichte machen zu können.
Die Dichtemessungen beruhen auf dem gleichen Prinzip wie die Dickenmessungen.
Aus diesem Grunde können auch die gleichen Meßverfahren verwendet werden. In
der Praxis wird jedoch ausschließlich die Durchstrahlungsmethode unter Verwendung
von Gammastrahlern angewendet.

Der große Vorzug der Verfahren besteht auch hier in der berührungsfreien
statischen und dynamischen Kontrolle. Es können Messungen an Transportgütern
in Rohrleitungen unabhängig von Temperatur, Druck, Zähigkeit und chemischen
Eigenschaften durchgeführt werden. Die Dichte von Flüssigkeiten, Trüben, Schutt-
gütern und Sinterstoffen läßt sich mit Genauigkeiten bis zu $2 \cdot 10^{-4}$ g/cm^3 bestimmen.

Interessiert nicht die tatsächliche Dichte bei Betriebstemperatur, sondern der
auf Normaltemperatur bezogene Wert, so muß die Anzeige bei höheren Temperaturen
entsprechend dem Temperaturkoeffizient des Mediums derart kompensiert werden,
daß der auf Normaltemperatur bezogene Wert registriert werden kann. Kompliziert
wird es allerdings, wenn der Temperaturkoeffizient auch noch eine Funktion der
Dichte ist. In diesen Fällen empfiehlt es sich, für dynamische Messungen Dichte und
Temperatur unabhängig voneinander zu registrieren.

7.3. Füllstandsmessung

Wo das Messen und Regeln von Füllständen in Behältern mit den alten Verfahren, mit Schwimmern und Sonden, nicht durchführbar ist, führt die Füllstandsmessung mit radioaktiven Isotopen zum Erfolg. Dies ist der Fall bei hohen Drücken,
hoher Temperatur, körnigen bzw. viskosen und agressiven Füllmedien sowie bei
Staub und Krustenbildung. Auch die Füllstandsmessung arbeitet berührungsfrei und
nach der Durchstrahlungsmethode. Die Strahlung muß zweimal die Behälterwand,
ferner je nach Füllstand und Anbringung der Strahlenquelle und des Zählrohres das
Füllmedium ganz, teilweise oder überhaupt nicht durchdringen. Je nach Lage des

Zählrohres und des Strahlers zueinander erhält man die verschiedensten Anzeige-charakteristiken. Den mannigfachen Aufgaben entsprechend werden auch stab- oder punktförmige Strahler in Mehrfachanordnung verwendet. Mit Hilfe der Meßwerte ist der Füllstand automatisch regelbar; eine gewünschte Füllstandshöhe kann innerhalb kleinster Schwankungen konstant gehalten werden.

Erwähnenswert ist die Füllstandsmessung zur Bestimmung des Treibstoffvorrates in der Luft- und Raumfahrttechnik. Es werden hierfür besonders gestaltete Tanks verwendet. Bei Flugzeugen z. B. werden die Strahler in die Nieten eingelassen. Man erreicht dadurch unabhängig von der Neigung des Flugzeuges Genauigkeiten von ± 2 mm des Füllstandes. Im Prinzip ähnlich ist die Anordnung bei Treibstoff-sätzen für Weltraumraketen. Es muß lediglich dafür gesorgt werden, daß die Detektoren durch Abschirmung vor kosmischer Strahlung geschützt werden.

Als Strahlenquellen kommen in den meisten Fällen Co^{60} und in geringerem Maße Cs^{137} zur Verwendung.

8. Strahlenschutz beim Umgang mit Röntgen- und Gammastrahlen

Die biologische Wirkung von Röntgen- und Gammastrahlen auf den menschlichen Organismus hängt von der Größe des bestrahlten Körpervolumens und von der Härte der Strahlung ab. Maßgeblich ist in jedem Falle die je Volumeneinheit des bestrahlten Organismus absorbierte Energie. Nach einer einmaligen, sehr starken Bestrahlung tritt „akute Strahlenschädigung" auf, durch Summation laufend kleiner Strahlenmengen „Spätschädigung". Durch Bestrahlungsdosen, die an der Person selbst keine nachweisbare Schädigung hervorrufen, kann „Erbschädigung" verursacht werden. Man unterscheidet Hautverbrennungen, Gewebeschäden, Organschäden (somatische Schäden) und Schädigung der Erbanlagen (genetische Schädigung).

Die durch Bestrahlung verursachte Hautverbrennung ist der durch chemische oder thermische Einflüsse entstehenden Hautverbrennung durchaus vergleichbar. Der einzige, jedoch wichtigste Unterschied besteht darin, daß die ersten Symptome (Rötung der Haut, bei großen Dosen Auftreten von „Brandblasen" und Aufplatzen der Hautschichten) erst mehrere Tage nach der Bestrahlung auftreten können.

Die Strahlenschädigung von Organen tritt ein, wenn z. B. das Knochenmark extrem hohen Dosen ausgesetzt worden ist, so daß eine anomale Vermehrung der weißen Blutkörperchen (Leukämie) eintritt. Auch die Keimdrüsenbestrahlung kann schwerwiegende Folgen für die Erbanlagen haben. Im Gegensatz zur Erholung und Regenerierung der Haut und sonstiger Gewebeteile nach nicht allzugroßer Bestrahlung erfolgt bei den Erbanlagen unabhängig von Zeitpunkt und Größe der einzelnen Dosen eine Summierung sämtlicher Teildosen. Die Folge davon sind spontaninduzierte Mutationen, welche sich bei der Nachkommenschaft in physischen und psychischen Mißbildungen manifestieren können. Beim Strahlenempfänger selbst wirkt sich eine Dosis von ca. 250 R in zeitweiliger Sterilität und die doppelte Dosis in bleibender Sterilität aus (Kastrationsdosis, unabhängig vom Geschlecht). Wichtig ist, daß eine einzige intensivere Strahlenbelastung oft weniger schädliche Wirkung zeigt als eine schwächere, aber sich immer wiederholende Bestrahlung (Spätschädigung mit Latenzzeiten bis zu 20 Jahren). Außerdem ist die Ganzkörperbestrahlung wesentlich kritischer als die auf ein kleines Hautfeld lokalisierte Bestrahlung. Während durch eine Dosis von 600 R (Quantenenergie 0,2 MeV) auf einem Hautfeld von ca. 100 cm² nur ein leichtes Hauterythem auftritt, wird dieselbe Dosis bei Ganzkörperbestrahlung zum Tode führen.

Auf weitere Einzelheiten der Strahlenschäden beim Menschen soll hier nicht eingegangen werden. Grundsätzlich ist zu fordern: Jede Art von Arbeit mit ionisierender Strahlung muß so ausgeführt werden, daß sowohl die unmittelbar beteiligten Personen (Werkstoffprüfer) als auch die nur mittelbar beteiligten Personen (zufällig in der Umgebung arbeitende oder wohnende Personen) nicht mehr Strahlung als den Umständen nach unvermeidbar empfangen.

8.1. Meßgrößen und Dosiswerte

Die international festgelegten Einheiten, wie sie bei der Dosimetrie und der Festsetzung höchstzulässiger Dosen verwendet werden, sind:

Das „rad",	die Einheit der „Radiation Absorbed Dose" (Energiedosis),
das „R" (Röntgen),	die Einheit der „Exposure Dose" (Bestrahlungsdosis) sowie
das „rem",	die Einheit der RBW-Dosis (RBW=relative biologische Wirksamkeit).

Die Energiedosis wird dargestellt durch den Quotient aus Energie und Masseneinheit. Die Einheit der Energiedosis ist festgelegt zu:

$$1 \text{ rad} = 100 \frac{\text{erg}}{\text{Gramm}} = 10^{-2} \frac{\text{Joule}}{\text{Kilogramm}} \tag{8.1}$$

Die Dimension $\frac{\text{Energie}}{\text{Masseneinheit}}$ ist jedoch keine Einheit im physikalischen Sinne. Ebenso ist die Definition der Energiedosis zwar auf alle Strahlenarten und Strahlenenergien anwendbar, es ist jedoch nicht möglich, die Energiedosis in rad zu messen. Sie muß vielmehr über eine indirekte Messung mit Hilfe von Umrechnungsfaktoren bestimmt werden. Einer Dosisangabe in „rad" muß außerdem der Eindeutigkeit wegen ein Hinweis auf den Bezugsstoff (z. B. Grammwasser, Grammluft oder Gramm-Muskel) beigefügt werden. Da es nicht möglich ist, die Dosis in Form der im Körper umgesetzten Strahlenenergie direkt zu messen, wird die Luftionisation als Grundlage der gesamten Dosismessung verwendet.

Die Bestrahlungsdosis (Röntgen) wird nach internationaler Übereinkunft dargestellt durch den Quotienten aus der bei Ionisation in einem Luftvolumen erzeugten Ladung und der Masse des Luftvolumens. Die Einheit des Röntgens[1] ist festgelegt zu:

$$1 \text{R} = 2,58 \cdot 10^{-4} \frac{\text{Coulomb}}{\text{kg}} \tag{8.2}$$

Da die Elementarladung gleich $1,602 \cdot 10^{-19}$ Coulomb ist, entspricht 1 Röntgen:

$$\frac{2,58 \cdot 10^{-4} \text{ Coulomb} \cdot (\text{kg})^{-1}}{1,602 \cdot 10^{-19} \text{ Coulomb}} = 1,61 \cdot 10^{15} \frac{\text{Ionenpaare}}{\text{kg (Luft)}} \tag{8.3}$$

---

[1] Diese Definition ist gleichbedeutend mit der alten Definition: „1 Röntgen stellt eine solche Menge von Röntgen- oder Gammastrahlen dar, daß die mit ihr verbundene Korpuskularemission, bezogen auf 0,001293 g Luft (1 cm^3 Luft bei 0 °C und 760 mm Hg), Ionen beiderlei Vorzeichens in Luft erzeugt, welche eine freie Elektrizitätsmenge von 1 elektrostatischen Einheit mit sich führen". Es wurde also die Ladungseinheit (esE) durch Coulomb (1 elektrostatische Einheit $= 3,35 \cdot 10^{-10}$ Coulomb und 1 Coulomb = 1 Ampere $\times$ 1 Sekunde) ersetzt und Bezug genommen auf 1 kg anstatt 0,001293 g Luft.

oder $1{,}61 \cdot 10^{12}$ Ionenpaaren je g Luft. Die Ionisierungsarbeit im Röntgenstrahlenbereich beträgt 34 eV je Ionenpaar. Somit ergibt sich für die Energieabgabe an 1 g Luft:

$$1{,}61 \cdot 10^{12} \frac{\text{Ionenpaare}}{\text{g (Luft)}} \times 34 \cdot 10^6 \frac{\text{MeV}}{\text{Ionenpaar}} = 54{,}7 \cdot 10^6 \frac{\text{MeV}}{\text{g (Luft)}} \qquad (8.4)$$

Da 1 eV dem Energiewert von $1{,}602 \cdot 10^{-12}$ erg entspricht, liegt bei einer Bestrahlungsdosis von 1 R eine Energieabgabe von $87{,}7 \dfrac{\text{erg}}{\text{g (Luft)}}$ und nach Gleichung (8.1) eine Luftdosis von 0,877 rad vor.

Im menschlichen Körpergewebe (ohne Knochen) erfolgt durch eine Bestrahlungsdosis von 1 R im Mittel eine Energieabgabe von $93 \dfrac{\text{erg}}{\text{g}}$. Nach Gleichung (8.1) ergibt sich dadurch eine „Menschendosis" von 0,93 rad. Daraus folgt in erster Näherung für den menschlichen Organismus (ohne Knochen): $1 \text{ R} \approx 1 \text{ rad}$. Unter der Voraussetzung des Elektronengleichgewichtes kann das Röntgen bei allen Ionisationsmessungen als Einheit verwendet werden (mit Hilfe luftäquivalenter Kammerwände wird diese Voraussetzung erfüllt). Gemessen wird jeweils entweder die Dosis (über die Zeit integrierte Dosisleistung) oder die Dosisleistung (Differentialquotient der Bestrahlungsdosis nach der Zeit). In Tabelle 8.1 sind die Beziehungen zwischen gebräuchlichen Vielfachen der Einheit der Dosisleistung wiedergegeben.

Tabelle 8.1. Umrechnung von Dosisleistungen

Dosis-leistung	$\dfrac{\text{mR}}{\text{h}}$	$\dfrac{\mu\text{R}}{\text{s}}$	$\dfrac{\text{R}}{\text{h}}$	$\dfrac{\text{R}}{\text{min}}$	$\dfrac{\text{R}}{\text{s}}$
$1\,\dfrac{\text{mR}}{\text{h}}$	1	0,28	0,001	0,000017	0,00000028
$1\,\dfrac{\mu\text{R}}{\text{s}}$	3,6	1	0,0036	0,00006	0,000001
$1\,\dfrac{\text{R}}{\text{h}}$	1000	280	1	0,017	0,00028
$1\,\dfrac{\text{R}}{\text{min}}$	60000	17000	60	1	0,017
$1\,\dfrac{\text{R}}{\text{s}}$	3600000	1000000	3600	60	1

Die biologische Wirkung verschiedener Strahlenarten und -Energien ist bei gleicher absorbierter Dosis sehr unterschiedlich. Sie hängt von der Art und Energie der Strahlung und somit von der Ionendichte ab. Es liegt also nahe, jeder Strahlenart einen biologischen Wirkungsfaktor zuzuordnen. Einflußgrößen wie die Art des bestrahlten Organs, sein p_H-Wert und Sauerstoffgehalt, die zeitliche Dosisverteilung, der Tag-Nacht-Rhythmus sowie die Temperatur erlauben es jedoch nicht, jeder Strahlenart generell einen exakten Wirkungsfaktor zuzuordnen. Als Grundlage für den allgemeinen Strahlenschutz gelten heute die in Tabelle 8.2 angegebenen Werte für die „Relative Biologische Wirksamkeit" (RBW). Die RBW-Werte wurden mit Hilfe von Vergleichsversuchen ermittelt. Sie beruhen auf dem Zusammenhang zwischen Ionendichte und biologischer Wirkung und sind quantitativ nur als rohe Richtwerte anzusehen. Das Produkt aus der Energiedosis (rad) und dem RBW-Faktor ergibt die relative biologische Wirkungsdosis (RBW-Dosis), deren Einheit das rem (rad equivalent man) ist. Es gilt somit:

$$\text{RBW-Dosis (rem)} = \text{RBW-Faktor} \times \text{Energiedosis (rad)} \qquad (8.5)$$

Als Konsequenz für Strahlenschutzfragen auf dem Gebiet der Werkstoffprüfung mit Röntgen- und Gammastrahlen ergibt sich daraus, daß die gemessene Bestrahlungsdosis in 1. Näherung der relativen biologischen Wirkungsdosis gleich zu setzen ist (1 R = 1 rem).

Tabelle 8.2. Werte für die relative biologische Wirksamkeit verschiedener Strahlungsarten

Strahlungsart	RBW
Röntgen-, γ-Strahlen und β-Teilchen aller Energien	1
thermische Neutronen (0,025 eV)	5
schnelle Neutronen und Protonen bis zu 10 MeV sowie α-Teilchen (von natürlich radioaktiven Elementen)	10
schwere Rückstoßkerne	20

8.2. Gesetzliche Vorschriften

Für beruflich strahlenexponierte Personen gilt, daß die gesamte im Alter von N Jahren erhaltene relative biologische Wirkungsdosis den Wert

$$D = 5 \, (N - 18) \, \text{rem} \qquad (8.6)$$

nicht überschreiten darf. Daraus folgt, daß Jugendlichen unter 18 Jahren die Arbeit mit ionisierenden Strahlen untersagt werden muß. Für Personen über 18 Jahren ergibt sich die Jahresdosis zu 5 rem, wobei die Dosisaufnahme nicht unbedingt zeitlich gleichmäßig verteilt sein muß. Die in einem Zeitraum von 13 aufeinanderfolgenden Wochen erreichte tatsächliche Dosis darf jedoch 3 rem nicht überschreiten. Bei Zugrundelegung einer 40-Stundenwoche (2 000 Arbeitsstunden im Jahr) sind die in Tabelle 8.3 zusammengestellten Angaben verbindlich.

Tabelle 8.3. Zulässige Dosen für Kontroll-, Überwachungs- und normalen Aufenthaltsbereich

Bereich	Personenart	Maximale Jahresdosis	Maximale Ortsdosis-leistung (2 000 Std.p.a.)
Kontroll-bereich	beruflich strahlen-exponiert, ärztlich überwacht	5　rem	$2,5 \; \dfrac{\text{mrem}}{\text{h}}$
Überwachungs-bereich	gelegentlicher Aufenthalt in der Nachbarschaft des Kontrollbereiches, ärztlich nicht überwacht	1,5　rem	$0,75 \; \dfrac{\text{mrem}}{\text{h}}$
Normaler Aufenthalts-bereich	Gesamtbevölkerung	0,15 rem	$0,075 \; \dfrac{\text{mrem}}{\text{h}}$

Der Überwachungsbereich geht bei einer Ortsdosisleistung von $0,75 \; \dfrac{\text{mrem}}{\text{h}}$ in den Kontrollbereich über. Grundsätzlich besteht an dieser Grenze Warnschildzwang. In Bild 8.1 ist die Aufeinanderfolge der einzelnen Bereiche mit Angabe der Grenzdosen wiedergegeben. Die Angabe der Ortsdosisleistung von $0,75 \; \dfrac{\text{mrem}}{\text{h}}$ als Grenze zwischen Überwachungs- und Kontrollbereich gilt für ortsfesten Strahlenbetrieb (z. B. im Werk oder im Röntgenlabor). Für ortsbeweglichen Strahlenbetrieb (z. B. Durchstrahlungsprüfung an Freileitungen) ist die Grenze zwischen Überwachungs- und Kontrollbereich auf einen ca. 5-fach höheren Wert von $4 \; \dfrac{\text{mrem}}{\text{h}}$ festgelegt[1]. Daraus folgt, daß der Kontrollbereich für alle ortsbeweglichen Prüfungen bei einer Grenzdosisleistung von $4 \; \dfrac{\text{mrem}}{\text{h}}$ beginnt. An dieser Grenze, die von Fall zu Fall auf jeder Baustelle mit einem Dosisleistungsmeßgerät zu bestimmen ist, muß abgesperrt

---

[1] Es wird hierbei eine effektive Strahleneinwirkungszeit von max. 8 Stunden je Woche angenommen.

werden (Warnschilder oder Absperrschnüre mit dem Strahlensymbol und der Aufschrift „Vorsicht Strahlung" oder „Vorsicht Radioaktiv"). Die angegebenen Grenzdosiswerte gelten für Ganzkörperbestrahlung.

Sind nur Hände, Unterarme, Füße oder Knöchel der Bestrahlung ausgesetzt, kann die Jahresdosis 60 rem betragen. Die in 13 aufeinanderfolgenden Wochen aufgenommene Dosis kann nur in diesem Fall unter Einhaltung der Jahresdosis 15 rem betragen. Voraussetzung ist jedoch, daß die Jahreshöchstdosis von 5 rem für die übrigen Teile und Organe des Körpers nicht überschritten wird.

Bei der Werkstoffprüfung mit ionisierender Strahlung kommt nur selten eine gezielte Bestrahlung der Extremitäten vor. Der Hauptteil der Strahlenbelastung trifft den gesamten Körper. Aus diesem Grunde sind die in Tabelle 8.3 und Bild 8.1 aufgeführten Dosiswerte generell als Maximaldosen anzusehen.

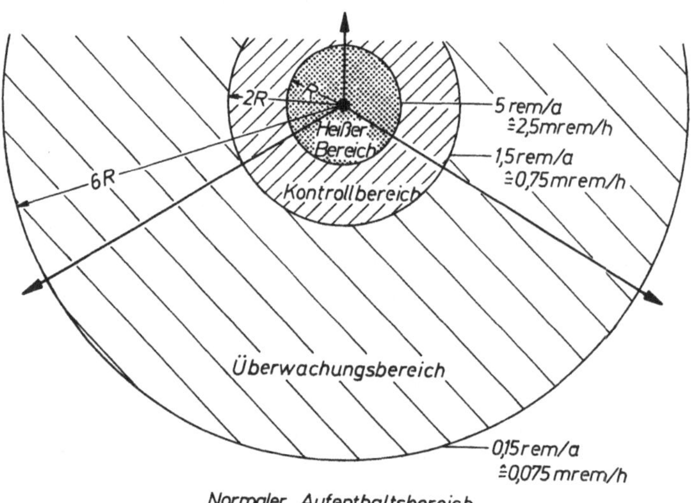

Bild 8.1. Abgrenzung der einzelnen Gefahren- bzw. Aufenthaltsbereiche beim Arbeiten mit ionisierender Strahlung (den Werten für die Ortsdosisleistung ist eine jährliche Arbeitszeit von 2000 Std. – entsprechend einer 40-Stunden-Woche – zugrunde gelegt).

Zur Sicherstellung und Kontrolle darüber, daß die zulässigen Dosisgrenzen eingehalten werden, bestehen seitens des Gesetzgebers mehrere Auflagen. Außer der ärztlichen Überwachung ist bei beruflich strahlenexponierten Personen die Messung der Personendosen verlangt. Die Messungen müssen am Körper nach zwei voneinander unabhängigen Verfahren durchgeführt werden. Mit einem der beiden Verfahren muß jederzeit die Feststellung der empfangenen Dosis möglich sein (direkt ablesbare Dosimeter). Die zweite Messung erfolgt mit einem geschlossenen Dosimeter, das in Zeitabständen von höchstens 1 Monat von einer nach dem jeweiligen Landesrecht zuständigen Meßstelle ausgewertet wird. Wegen der größeren Gefahren- und Unfallmöglichkeiten im Gegensatz zu den abschaltbaren Röntgenanlagen ist für die Verwendung von radioaktiven Isotopen die Erteilung von Umgangs- und Transportgenehmigungen erforderlich. Diese Genehmigungen werden, unter Umständen mit Zusatzauflagen, auf Antrag von der jeweiligen Landesregierung erteilt, wenn keine Bedenken charakterlicher oder fachlicher Art gegen den Antragsteller vorliegen. Die Genehmigungen sind befristet und müssen nach Ablauf jeweils neu beantragt werden. Sie können bei grobfahrlässiger Verhaltensweise des Genehmigungsinhabers oder der Strahlenschutzverantwortlichen (wiederholte Nichteinhaltung der Vorschriften oder Verlust eines radioaktiven Isotops) entzogen werden.

8.3. Meßgeräte und Dosimetrie

Bei den Meßgeräten für den Strahlenschutz muß zwischen zwei Typen unterschieden werden: Meßgeräte zur Bestimmung der Dosisleistung und Meßgeräte zur Bestimmung der Dosis.

Als Dosisleistungsmeßgeräte kommen in der Hauptsache die in Abschnitt 3.2.3 besprochenen Zählrohre sowie Szintillationszähler, die auf dem Fluoreszenzprinzip (Abschnitt 3.2.2) beruhen, in Frage.

Beim Szintillationszähler erzeugt die einfallende Strahlung in einem fluoreszierenden Kristall Lichtblitze (Szintillationen), welche auf eine Photokathode auftreffen und dort Elektronen auslösen (photoelektrischer Effekt). Die Elektronen werden in einem angeschlossenen Sekundärelektronen-Vervielfacher derart vermehrt, daß eine Verstärkung des Photoelektronenstromes bis zu einem Faktor 10^{10} erzielt werden kann.

Für die Bestimmung der Dosis verwendet man Elektrometer, Kondensatorkammern, Filme und Phosphat-Gläser, die als Taschendosimeter ausgebildet sind. Während die Elektrometer (Füllhalterdosimeter) zu jeder Zeit sofort ablesbar sind (der Stand des Metallfadens wird mit einer Lupe und einem eingebauten, in mrem oder rem geeichten Meßstab abgelesen), haben die Kondensatorkammern den Nachteil, daß der durch die Strahlung bewirkte Spannungsabfall nur am Ladegerät (Skala ebenfalls in mrem oder rem geeicht) abgelesen werden kann. Als sofort ablesbare Dosimeter nach Abschnitt 8.2 kommen somit streng genommen nur die auf dem Elektrometerprinzip beruhenden Füllhalterdosimeter in Frage. Als nicht sofort ablesbare Dosismeßgeräte (Auswertung durch ein autorisiertes Landesinstitut) werden sowohl Filme als auch Phosphatgläser verwendet. Bei den Filmen sind die Schwärzung, bei den Phosphatgläsern die Verfärbung ein Maß für die Dosis bei bekannter Quantenenergie. Die Auswertung nach beiden Verfahren beruht auf der Vergleichsmethode. Sowohl die Vergleichsfilme als auch die Vergleichsgläser müssen definiert (bezüglich Strahlenenergie und Strahlenmenge) bestrahlt werden, um zu genauen

Ergebnissen zu kommen. Da die verfahrensbedingten Fehler bei der Filmdosimetrie größer als bei der Glasdosimetrie sind, wird die Filmdosimetrie im Laufe der Zeit durch die Glasdosimetrie ersetzt werden.

8.4. Abschirmprobleme

Es gibt 3 Möglichkeiten, die beim Arbeiten mit ionisierender Strahlung empfangene Bestrahlungsdosis so klein wie möglich zu halten:

a) Größtmöglicher Abstand von der Strahlenquelle (Aufenthalt nie in Primärstrahlrichtung, Vermeidung direkter Berührung von radioaktiven Quellen!)

b) Größtmögliche Dicke des Abschirmmaterials (insbesondere bei Gammaradiographie)

c) Schnelles und sicheres Arbeiten im Strahlenpegel (insbesondere bei Gammaradiographie).

Es liegt auf der Hand, daß die Bestrahlungsdosis bei der Arbeit mit Röntgengeräten ohne großen Aufwand klein gehalten werden kann. Hauptgrund dafür ist die Tatsache, daß sämtliche Arbeiten außerhalb der eigentlichen Expositionszeit bei abgeschaltetem Gerät durchgeführt werden können und die Anlage vom Schaltkasten aus im nötigen Sicherheitsabstand (oder hinter der Strahlenschutzwand) bedient wird. Außerdem ist darauf zu achten, daß durch Verwendung geeigneter Primärstrahl-Begrenzungsblenden nur der zu prüfende Bereich mit Strahlung beaufschlag wird. Man erreicht dadurch eine erhebliche Verringerung des Streustrahlenpegels. Anders ist es bei Gammageräten. Bei den handbedienten Geräten strahlt das radioaktive Isotop, solange es nicht mehr im Arbeitsbehälter und noch nicht im Belichtungskopf ist, frei in den nicht abgeschirmten Raum (ebenso wenn der Strahler nach der Belichtung in den Arbeitsbehälter zurückgebracht wird). Werden fernbediente Geräte verwendet, so strahlt das radioaktive Präparat nach allen Seiten frei ab, solange es im Verbindungsschlauch[1]) zwischen Gerät und Belichtungskopf bewegt wird. Deshalb soll dieser Verbindungsschlauch nicht länger gewählt werden als unbedingt nötig. Alles muß so gut vorbereitet sein, daß die Zeit, in welcher der Prüfer im Strahlenpegel arbeiten muß, so klein wie möglich bemessen ist. Zur Reduzierung des Streustrahlenpegels in der Umgebung der radioaktiven Quelle muß bei den Belichtungsköpfen sämtlicher Gammageräte der Strahlenaustritt soweit wie möglich begrenzt und nur auf den zu prüfenden Bereich ausgerichtet sein. Da bei den Gammageräten nur mit Hilfe hinreichend dicker Schutzschichten der nötige Strahlenschutz

---

[1]) Grundregel: Der Prüfer soll seinen Standort beim Ein- und Ausfahren des Strahlers so wählen, daß er den Verbindungsschlauch nicht sehen kann, d.h. er soll gegen den Verbindungsschlauch nach Möglichkeit abgedeckt sein, z. B. durch Träger, Stützen, Rohrgraben, Gebäudeteile u. ä..

erreicht werden kann, sind bei der Konstruktion und beim Bau von Geräten und Transportvorrichtungen für eine vorher festzulegende Maximalaktivität folgende Dosisleistungen verbindlich:

Transportvorrichtung $\quad 2,5 \dfrac{\text{mrem}}{\text{h}}\quad$ in 2 cm Abstand von der berührbaren Oberfläche

Arbeitsbehälter $\quad 25 \dfrac{\text{mrem}}{\text{h}}\quad$ in 20 cm Abstand von der berührbaren Oberfläche

Die Arbeitsbehälter müssen verschließbar und vor fremdem Zugriff geschützt sein. Konstruktion und Ausführung sollen möglichst einfach, optimal in Bezug auf den Strahlenschutz und nicht störanfällig sein. Die meisten Konstruktionen, insbesondere der fernbedienten Geräte, beruhen auf einem Kompromiß zwischen der Kompliziertheit der Sicherheitsvorkehrungen am Gerät und der Möglichkeit eines Funktionsschadens. Fernbediente Geräte dürfen nur von einer gut eingearbeiteten Prüfgruppe bedient werden. Die Prüfgruppe ist zusätzlich mit einem auf verschiedene Dosisleistungsschwellwerte einzustellenden Taschenwarngerät (Taschenheuler) auszurüsten, damit eventuell auftretende Störungen sofort, ohne die Gefahr einer erhöhten Strahlenbelastung des Personals, erkannt werden können. Für alle Arbeiten mit ionisierender Strahlung gilt die Feststellung, daß eine gute theoretische und praktische Ausbildung mehr wert ist als übersichere, komplizierte und arbeitserschwerende Geräte.

9. Zusammenfassende Literatur

Zerstörungsfreie Werkstoffprüfung

Berthold, R.: Atlas der zerstörungsfreien Prüfverfahren, Leipzig 1938.

Glocker, R.: Materialprüfung mit Röntgenstrahlen unter besonderer Berücksichtigung der Röntgenmetallkunde, 4. Auflage, Springer, Berlin/Göttingen/Heidelberg 1958.

Müller, E. A. W.: Handbuch der zerstörungsfreien Werkstoffprüfung. R. Oldenbourg, München 1963.

Vaupel, O.: Bild-Atlas für die zerstörungsfreie Materialprüfung, Verlag Bild und Forschung, Berlin 1954.

Vaupel, O.: Röntgen- und Gammaprüfung (Teil I. Grundlagen; Teil II. Anwendungen). Unterlagen für Unterricht und Kursus. Deutsche Gesellschaft für zerstörungsfreie Prüfverfahren e. V. 1966.

Zählrohre, Strahlenschutz und Dosimetrie

Becker, K.: Filmdosimetrie, Grundlagen und Methoden der photographischen Verfahren zur Strahlendosismessung, Springer, Berlin 1962.

Bundesminister für wissenschaftliche Forschung: Erste Verordnung über den Schutz vor Schäden durch radioaktive Stoffe (Neufassung vom 15.10.1965), Bonn 1965.

Fünfer, E. und H. Neuert: Zählrohre und Szintillationszähler, 2. Auflage, Braun, Karlsruhe 1960.

Jaeger, R. G.: Dosimetrie und Strahlenschutz, Thieme, Stuttgart 1959.

Kiefer, H. und R. Maushart: Strahlenschutzmeßtechnik, Braun, Karlsruhe 1964.

Vaupel, O.: Strahlenmessung, Strahlengefährdung, Strahlenschutz. Unterlagen für Unterricht und Kursus. Deutsche Gesellschaft für zerstörungsfreie Prüfverfahren e. V. 1959.

Röntgenfilme

Adox: Adox Mikrotest Spezialfilm für die zerstörungsfreie Werkstoffprüfung, Frankfurt 1965.

Agfa-Gevaert: Industrie-Röntgenfilme, Mortsel 1966.

Kodak: Kodak-Industrie-Röntgenfilme, Stuttgart 1967.

Atom- und Kernphysik

Finkelnburg, W.: Einführung in die Atomphysik, 9. Auflage, Springer, Berlin 1964.

Schpolski, E. W.: Atomphysik, VEB Deutscher Verlag der Wissenschaften, Berlin 1957.

Auswahl der wichtigsten Normen für die technische Radiologie

DIN 6814:   Begriffe und Benennungen in der radiologischen Technik:

    Blatt 1: Allgemeines, Anwendung ionisierender Strahlung (Okt. 1963).

    Blatt 2: Strahlenphysik (Okt. 1963).

    Blatt 3: Dosimetrie (Dez. 1968).

    Blatt 4: Radioaktivität (Entwurf Juni 1967).

    Blatt 5: Strahlenschutz (in Arbeit).

    Blatt 6: Technische Mittel zur Erzeugung von Röntgen- und Elektronenstrahlung (Okt. 1963).

    Blatt 7: Technische Mittel zur medizinischen Anwendung von Röntgen- und Elektronenstrahlung (April 1964).

    Blatt 8: Technische Mittel zur nichtmedizinisch-technischen Anwendung von ionisierender Strahlung (in Arbeit)

    Blatt 9: Radioskopie und Radiographie (in Arbeit).

    Blatt 10: Strahlentherapie (in Arbeit).

    Blatt 11: Nuklearmedizin (in Arbeit).

    Blatt 12: Werkstoffprüfung (in Arbeit).

DIN 6816:   Filmdosimetrie nach dem filteranalytischen Verfahren zur Strahlenschutzüberwachung.

DIN 6823:   Röntgenröhren, Ermittlung der Brennfleckgrößen (Jan. 1968).

DIN 8524:   Fehler an Schmelzschweißungen aus metallischen Werkstoffen; Einteilung, Benennungen, Erklärungen (Entwurf, Juni 1969).

DIN 25400:   Warnzeichen für ionisierende Strahlung (Mai 1965).

DIN 54109:   Bildgüte von Röntgen- und Gammafilmen an metallischen Werkstoffen (Okt. 1964):

    Blatt 1:   Begriffe, Drahtsteg.

    Blatt 2:   Richtlinien für das Aufstellen von Bildgüteklassen.

DIN 54111:   Richtlinien für die Prüfung von Schweißverbindungen metallischer Werkstoffe mit Röntgen- und Gammastrahlen (Aug. 1954, Neufassung in Vorbereitung).

DIN 54112:   Filme, Verstärkerfolien, Kassetten für Aufnahmen mit Röntgen- und Gammastrahlen, Maße (Aug. 1956).

DIN 54113:   Nichtmedizinische Röntgeneinrichtungen und -anlagen bis 400 kV (Strahlenschutzregeln für die Herstellung, die Errichtung und den Betrieb, Entwurf Aug. 1967).

DIN 54115:   Strahlenschutzregeln für die technische Anwendung umschlossener radioaktiver Stoffe.

    Blatt 1: Allgemeines (Entwurf Okt. 1964).

    Blatt 2: Umschlossene Strahler (Aug. 1967).

Sachwortverzeichnis

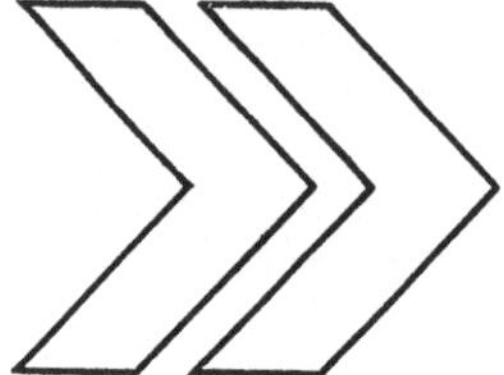

Acta Metallurgica

This International Journal for the science of metallic and non-metallic solids is published by Pergamon Press for the Board of Governors of Acta Metallurgica.

A number of sponsoring and co-operating societies through-out the world are represented on the Board of Governors. The journal provides a medium for the publication of papers describing theoretical and experimental studies that contribute to the understanding of the properties and behaviour of solids in terms of fundamental particles, forces and energies. Emphasis is placed on those aspects of the science of materials that are concerned with the relationship between the structure of solids and their properties (mechanical, electrical, magnetic, optical and chemical), and those that are concerned with the thermodynamics, kinetics and mechanisms of the processes which can occur within the material.

Each paper is preceded by an abstract in English, French and German. Summaries of papers accepted for Acta Metallurgica are provided in advance of publication in the form of a loose insert in the journal.

Monthly

1-year-subscription	US	$	75.00	£	30.0.0
2-years-subscription	US	$	135.00	£	54.0.0
single copy	US	$	7.50	£	3.0.0

Order your subscription now

pergamon